新时代新征程

广东林业现代化发展战略研究

薛春泉　杨超裕　姜　杰◎著

中国林业出版社
China Forestry Publishing House

审图号：粤 S（2020）056 号

图书在版编目（CIP）数据

新时代新征程广东林业现代化发展战略 / 薛春泉等著. -- 北京 : 中国林业出版社, 2024.1
ISBN 978-7-5219-2505-0

Ⅰ. ①新… Ⅱ. ①薛… Ⅲ. ①林业经济一农业现代化一经济发展战略一研究一中国 Ⅳ. ①F326.23

中国国家版本馆 CIP 数据核字 (2024) 第 002091 号

责任编辑　于界芬　李丽菁

出版发行　中国林业出版社
　　　　　（100009，北京市西城区刘海胡同 7 号，电话 010-83143542）
电子邮箱　cfphzbs@163.com
网　　址　https://www.cfph.net
印　　刷　北京博海升彩色印刷有限公司
版　　次　2024 年 1 月第 1 版
印　　次　2024 年 1 月第 1 次印刷
开　　本　787mm×1092mm　1/16
印　　张　15.25
字　　数　229 千字
定　　价　128.00 元

序

党的二十大报告指出，中国式现代化是人与自然和谐共生的现代化。新时代新征程上，必须牢固树立和践行绿水青山就是金山银山的理念，持续推动绿色发展，促进人与自然和谐共生，推进美丽中国建设。

为贯彻落实党的二十大精神，广东省委通过了《关于深入推进绿美广东生态建设的决定》，提出要打造人与自然和谐共生的绿美广东，走出新时代绿水青山就是金山银山的广东路径，为广东在全面建设社会主义现代化国家新征程中走在全国前列、创造新的辉煌提供良好生态支撑。一时间，“绿美广东”成为了广东省各大媒体的高频词、关键词，也成为了广东家喻户晓、深入人心的生态建设行动。

作为我国经济第一大省，广东是改革开放的排头兵、先行地、实验区。近年来，广东牢固树立和践行绿水青山就是金山银山的理念，将生态文明建设摆在全局工作突出位置，绿色日益成为高质量发展的鲜明底色。经过数代人的接续努力，广东“绿色版图”不断扩大，基本实现了“绿起来”的目标，已经到了“美起来”的阶段，人与自然和谐共生的绿美广东正加速形成。

在此背景下，薛春泉等撰写的《新时代新征程广东林业现代化发展战略研究》顺势而生，乘势而为。本研究紧紧围绕国家重大发展战略，聚焦人与自然和谐共生现代化战略目标，以绿美广东生态建设为引领，谋划新时代新征程广东林业现代化发展的战略定位、战略目标、战略任务和发展格局，树立高质量绿色发展的先行标杆，以及人与自然和谐共生现代化的中国典范；描绘了到 2027 年，绿美广东引领林业现代化建设取得积极进展；到 2035 年，率先基本实现林业现代化；到 2050 年，率先全面实现林业现代化的宏伟蓝图。

全书共 10 章，从宏观到微观，确立了广东林业现代化发展的战略定位，提出了分阶段发展目标，架构了林业现代化发展格局，分析研判发展趋势，谋划战略重点。可以说契合了广东林业发展大势，具有科学性、前瞻性和创新性，不但对广东生态文明建设具有重要的决策参考价值，对全国林业现代化建设也具有重要的借鉴意义。

人与自然和谐共生的中国林业现代化之路，是中国绿色发展之路。《“十四五”林业草原保护发展规划纲要》提出：全面推动林草工作高质量发展，为建设生态文明、美丽中国和人与自然和谐共生的现代化作出新贡献。

本研究历时三年，殚精竭虑、系统谋划，饱含了编者对林业事业发展的热爱，赓续了“替河山装成锦绣，把国土绘成丹青”的林人精神。相信本书的出版，也将成为公众了解广东生态文明建设发展战略的重要窗口，助力凝聚社会共识，对广东率先实现林业现代化、推动实现人与自然和谐共生的现代化产生广泛而深远的影响。

中国工程院院士 张守攻

2023 年 12 月于广州

前言

“林业建设是事关经济社会可持续发展的根本性问题”，“林草兴则生态兴，生态兴则文明兴”。以“在推进中国式现代化建设中走在前列”的标准要求，谋划广东林业现代化发展十分迫切。自主持编制《广东省林业保护发展“十四五”规划》以来，编者深入思考“十四五”及未来一段时期广东林业的发展使命任务，在全面总结借鉴国内外林业发展先进经验的基础上，结合绿美广东生态建设发展机遇，研究谋划了新时代新征程广东林业现代化发展战略。

本书坚持以习近平新时代中国特色社会主义思想为指导，全面贯彻党的二十大精神，深入贯彻习近平总书记对广东系列重要讲话和重要指示精神，贯彻落实省委十三届二次、三次全会精神和“1310”具体部署，践行以人民为中心的发展理念，锚定“走在前列”总目标，聚焦人与自然和谐共生现代化，以及经济社会发展和公众对美好生活的向往赋予林业的殷殷期望，以高质量发展为首要任务，以绿美广东生态建设为引领，谋划新时代新征程广东林业现代化发展的战略定位、战略目标、发展格局、战略任务，相信必将对广东率先实现林业现代化，推动实现人与自然和谐共生的现代化产生重大而深远的影响。

感谢国家林业和草原局、广东省林业局和相关领导的大力支持，感谢张守攻院士、专家学者提出的宝贵意见，感谢为编纂此书给予帮助的所有人士！

编 者

2023 年 12 月

目录

第三章　提升城市生态能级　建设和谐共生的现代化美丽湾区

第四章　提升生态修复水平　建设协同发展的沿海生态经济带

第八章　深化改革创新驱动　激发澎湃发展动力

第九章　爱绿植绿护绿兴绿　培育生态文明自觉

第一章

全面开启
林业现代化建设新征程

党的二十大报告指出，从现在起，中国共产党的中心任务就是团结带领全国各族人民全面建成社会主义现代化强国、实现第二个百年奋斗目标，以中国式现代化全面推进中华民族伟大复兴。党的二十大科学擘画了中国式现代化的宏伟蓝图，对人与自然和谐共生的现代化作出了全面系统阐述，对林草工作提出了新要求、明确了新任务。习近平总书记强调指出“生态文明建设是关乎中华民族永续发展的根本大计”，多次对林草工作作出重要指示、批示，“森林和草原对国家生态安全具有基础性、战略性作用，林草兴则生态兴”，“生态兴则文明兴，生态衰则文明衰”。我们要认真贯彻落实党的二十大精神，牢记习近平总书记的殷殷嘱托，充分认识到林业在推进现代化建设进程中的地位作用，紧紧抓住重大战略机遇，乘势而上，全面开启新时代林业现代化建设新征程。

第一节　新形势新使命

一、在推进中国式现代化建设中走在前列

党的二十大报告指出，“中国式现代化是人口规模巨大的现代化，是全体人民共同富裕的现代化，是物质文明和精神文明相协调的现代化，是人与自然和谐共生的现代化，是走和平发展道路的现代化”。促进人与自然和谐共生是中国式现代化的本质要求、是新时代生态文明伟大变革的鲜明特征。“走在前列”，是以习近平同志为核心的党中央对广东经济社会发展各项工作一以贯之的要求。2023 年 4 月，习近平总书记在广东考察时强调，广东是改革开放的排头兵、先行地、实验区，在中国式现代化建设的大局中地位重要、作用突出。要锚定强国建设、民族复兴目标，围绕高质量发展这个首要任务和构建新发展格局这个战略任务，在全面深化改革、扩大高水平对外开放、提升科技自立自强能力、建设现代化产业体系、促进城乡区域协调发展等方面继续走在全国前列，在推进中国式现代化建设中走在前列。人与自然

和谐共生的现代化为广东林业现代化发展指明方向，“走在前列”是广东林业现代化发展的根本遵循。

二、高质量发展是首要任务

党的二十大报告指出，“高质量发展是全面建设社会主义现代化国家的首要任务”。高质量发展必须完整、准确、全面贯彻新发展理念，转变发展方式、优化经济结构、转换增长动力。坚持城乡融合发展，畅通城乡要素流动，发展乡村特色产业，拓宽农民增收致富渠道，建设宜居宜业和美乡村，全面推进乡村振兴。深入实施区域协调发展战略、区域重大战略、主体功能区战略、新型城镇化战略，优化重大生产力布局，构建优势互补、高质量发展的区域经济布局，着力推进以县城为重要载体的城镇化建设，以城市群、都市圈为依托构建大中小城市协调发展格局，促进区域协调发展。广东林业现代化发展必须是高质量的发展。

三、深入推进绿美广东生态建设

广东省委深入贯彻落实党的二十大精神，尊重自然、顺应自然、保护自然，站在人与自然和谐共生的高度谋划发展，作出了深入推进绿美广东生态建设的决定，提出实施“六大行动”，发挥三大综合效益，提升绿美广东生态建设治理水平，推动生态优势转化为发展优势，打造人与自然和谐共生的绿美广东样板，走出新时代绿水青山就是金山银山的广东路径，为广东省在全面建设社会主义现代化国家新征程中走在全国前列、创造新的辉煌提供良好生态支撑。绿美广东生态建设是广东林业现代化发展的战略引领。

第二节　发展基础

一、发展条件

（一）自然地理条件

1. 地貌

广东地貌类型复杂多样，有山地、丘陵、台地和平原，其面积分别占全省土地总面积的 49.78%、17.62%、12.82% 和 19.78%。地势总体北高南低，北部多为山地和高丘陵，南部则为平原和台地。全省山脉大多与地质构造的走向一致，以北东－南西走向居多，从东至西分布着莲花山、罗浮山、九连山、滑石山、大庾岭、瑶山、天露山、云雾山和云开大山等山脉，山脉

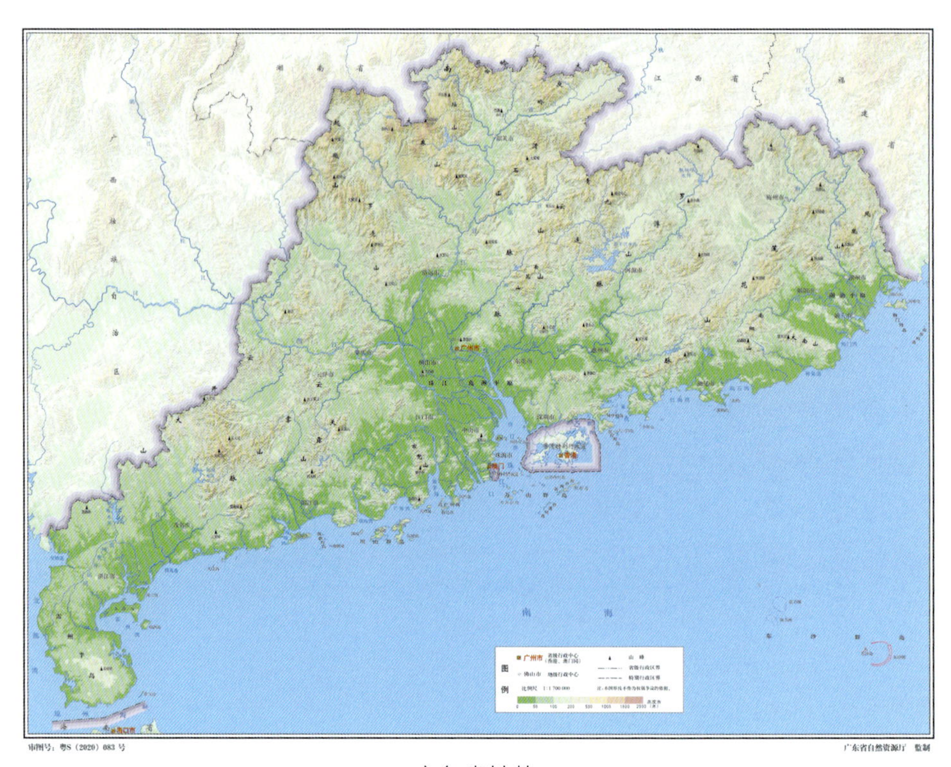

广东省地势

来源：广东省标准地图服务子系统 (gd.gov.cn)

之间有大小谷地和盆地分布。粤北最高峰为南岭石坑崆，海拔1902m；粤西最高峰为茂名大雾岭大田顶，海拔1704m；粤东最高峰为潮州凤凰山凤乌髻，海拔1497m；珠三角最高峰为肇庆市大稠顶，海拔1626m。平原以珠江三角洲平原面积最大，潮汕平原次之，此外，还有高要、清远、杨村和惠阳等冲积平原。台地以雷州半岛－电白－阳江一带和海丰－潮阳一带分布较多。构成各类地貌的基岩岩石以花岗岩最为普遍，砂岩和变质岩也较多，粤西北还有较大片的石灰岩分布。此外，局部还有景色奇特的红色岩系地貌，如丹霞山和金鸡岭等；粤北的丹霞山和粤西的湖光岩先后被评为世界地质公园；沿海数量众多的优质沙滩以及雷州半岛西南岸的珊瑚礁，也是重要的地貌旅游资源。沿海沿河地区多为第四纪沉积层，是构成耕地资源的物质基础。

2. 气候

广东属于东亚季风区，从北向南分别为中亚热带、南亚热带和热带气候，是全国光、热和水资源较丰富的地区，且雨热同季，降水主要集中在4~9月，年平均降水量1801.8mm，年平均气温22.3℃，年日照时数1705.6h。广东是各种气象灾害多发省份，主要灾害有暴雨洪涝、热带气旋、强对流天气、雷击、高温、干旱及低温阴雨、寒露风、寒潮和冰（霜）冻等低温灾害。

3. 土壤

根据全国第二次土壤普查数据，广东有人为土、铁铝土、初育土、半水成土、水成土、盐碱土等6个土纲，有水稻土、黄壤、红壤、赤红壤、砖红壤、火山灰土、石灰（岩）土、紫色土、初骨土、石质土、滨海沙土（风沙土）、山地草甸土、潮土、沼泽土、滨海盐土、酸性硫酸盐土等16个土类。地带性、非地带性及垂直分布相互交错。广东土壤在热带、亚热带季风气候条件和生物生长因子的长期作用下，普遍呈酸性反应，pH值在4.5~6.5之间。

4. 重要水系

以珠江流域（东江、西江、北江和珠江三角洲）及独流入海的韩江流域和粤东沿海、粤西沿海诸河为主，集水面积占全省面积的 99.8%，其余属于长江流域的鄱阳湖和洞庭湖水系。全省流域面积在 100km^2 以上的各级干支流共 614 条（其中，集水面积在 1000km^2 以上的有 60 条）。独流入海河流 52 条，较大的有韩江、榕江、漠阳江、鉴江、九洲江等。

（1）珠江流域。珠江流域是由西江、北江、东江和珠江三角洲诸河组成的复合流域，流域面积 45.37 万 km^2，干流长度 2.2 万 km，是我国第四大河流，水量仅次于长江，居全国第二。广东境内的珠江流域面积共计 11.14 万 km^2。

（2）粤东沿海诸河。粤东沿海诸河是指黄冈河及韩江流域以西、东江流域以南、大亚湾以东在广东大陆的单独入海各河流，总计流域面积 1.53 万 km^2，其中集水面积大于 1000km^2 的有黄冈河、榕江、练江、龙江、螺河及黄江等，而以榕江流域面积最大。这一地区北面有莲花山脉，南面濒临南海，受海洋性气候及地形影响，雨量丰沛，平均年降水量 1400~2400mm，最大 24 小时点暴雨量 915.6mm（1987 年 5 月 21 日陆丰县双沛站），各流域年径流深一般 800~1500mm。

（3）粤西沿海诸河。粤西沿海诸河除黄华江、珠砂河北流入西江外，主要是指珠江口以西至雷州半岛广东大陆部分独流入海的河流，总计流域面积为 3.2 万 km^2。这一地区东邻珠江三角洲，西邻广西南流江，北部有云开大山、云雾山与西江水系分界，南面为南海，地势北高南低，诸河（除雷州半岛上的河流外）大体自北向南流注入南海。粤西沿海诸河，流域面积在 100km^2 以上的共 27 条，流域面积在 1000km^2 以上的有漠阳江、鉴江、九洲江、南渡河、遂溪河 5 条。

（4）重要饮用水水源地。2016 年 9 月，水利部下发了《关于印发全国重要饮用水水源地名录（2016 年）的通知》（水资源函〔2016〕383 号），共将全国 618 个饮用水水源地纳入“名录”管理。在“名录”中，广东共有 76 处重要饮用水水源地，涉及全省 21 个地级市。

5. 海岸资源

大陆海岸线长度超过3300km，居全国第一位。广东沿海共有面积500m^{2}以上的岛屿759个，仅次于浙江和福建，位居全国第三位。广东多半岛和海湾，其中雷州半岛是我国三大半岛之一，主要的海湾包括大亚湾、大鹏湾、金沙湾、珍珠湾等。

惠东海龟湾

（二）社会经济条件

1. 行政区划

广东共有21个地级以上市、122个县（市、区）、1609个镇（街）（广东统计局，2022）*。

广东省行政区划（2021年）

序号	地级市	县级市（个）	县（个）	自治县（个）	市辖区（个）	市辖镇（个）	乡（个）	民族乡（个）	街道（个）
合计		20	34	3	65	1112	4	7	486
1	广州市				11	34			142
2	深圳市				9				74

* 珠三角地区包括广州、深圳、珠海、佛山、惠州、东莞、中山、江门、肇庆；粤东地区包括汕头、汕尾、潮州、揭阳；粤西地区包括阳江、湛江、茂名；粤北山区包括韶关、河源、梅州、清远、云浮。

（续表）

序号	地级市	县级市（个）	县（个）	自治县（个）	市辖区（个）	市辖镇（个）	乡（个）	民族乡（个）	街道（个）
3	珠海市				3	15			10
4	汕头市		1		6	30			37
5	佛山市				5	21			11
6	韶关市	2	4	1	3	94		1	10
7	河源市		5		1	94		1	6
8	梅州市	1	5		2	104			6
9	惠州市		3		2	48		1	22
10	汕尾市	1	2		1	40			14
11	东莞市					28			4
12	中山市					15			8
13	江门市	4			3	61			12
14	阳江市	1	1		2	38			10
15	湛江市	3	2		4	82	2		38
16	茂名市	3			2	86			26
17	肇庆市	1	4		3	87		1	17
18	清远市	2	2	2	2	77		3	5
19	潮州市		1		2	41			5
20	揭阳市	1	2		2	62	2		21
21	云浮市	1	2		2	55			8

2. 地区生产总值

2021 年，全省地区生产总值 124369.67 亿元。

从区域地区生产总值看，珠三角地区生产总值 100585.25 亿元，占比 80.88%；粤东地区生产总值 7728.20 亿元，占比 6.21%；粤西地区生产总值 8773.89 亿元，占比 7.05%；粤北山区生产总值 7282.33 亿元，占比 5.86%。纳入粤港澳大湾区的珠三角地区生产总值占比 80.88%，其他地区生产总值占比 19.12%。

从区域地区生产总值构成看，珠三角地区三产比值为 1.7:40.7:57.6；

其他地区的三产比值为 13.8:38.9:47.3，其中粤东地区三产比值为 8.0:43.3:48.7，粤西地区三产比值为 17.5:37.5:45.0，粤北山区三产比值为 15.6:35.9:48.5。

人均地区生产总值，珠三角地区为 128264 元、其他地区为 49428 元（广东统计局，2022）。

分区域地区生产总值统计（2021 年）

序号	区域	地区生产总值					人均地区生产总值（元）
		合计		第一产业（亿元）	第二产业（亿元）	第三产业（亿元）	
		数量（亿元）	占比（%）				
	合 计	124369.67	100	5003.66	50219.19	69146.82	98285*
1	珠三角地区	100585.25	80.88	1709.93	40971.75	57903.57	128264
	小 计	100585.25	80.88	1709.93	40971.75	57903.57	128264
2	粤东地区	7728.20	6.21	620.68	3345.13	3762.39	47228
3	粤西地区	8773.89	7.05	1538.80	3284.93	3950.17	55464
4	粤北山区	7282.33	5.86	1134.26	2617.38	3530.70	45695
	小 计	23784.42	19.12	3293.73	9247.44	11243.25	49428*

注：* 为统计均值。

3. 主要人口指标

2021 年，全省年末常住人口 12684 万人，年末户籍人口 9946.95 万人。

从年末常住人口看，珠三角地区 7860.60 万人，占比 61.97%；粤东地区 1640.87 万人，占比 12.94%；粤西地区 1587.13 万人，占比 12.51%；粤北山区 1595.40 万人，占比 12.58%。纳入粤港澳大湾区的珠三角地区占比 61.97%，其他地区占比 38.03%。

从年末户籍人口看，珠三角地区 4015.66 万人，占比 40.37%；粤东地区 1930.05 万人，占比 19.40%；粤西地区 1997.09 万人，占比 20.08%；粤北山区 2004.15 万人，占比 20.15%。纳入粤港澳大湾区的珠三角地区占比 40.37%，其他地区占比 59.63%（广东统计局，2022）。

分区域主要人口指标统计（2021年）

序号	区域	年末常住人口		年末户籍人口	
		数量（万人）	占比（%）	数量（万人）	占比（%）
合 计		12684	100	9946.95	100
1	珠三角地区	7860.60	61.97	4015.66	40.37
小 计		7860.60	61.97	4015.66	40.37
2	粤东地区	1640.87	12.94	1930.05	19.40
3	粤西地区	1587.13	12.51	1997.09	20.08
4	粤北山区	1595.40	12.58	2004.15	20.15
小 计		4823.4	38.03	5931.29	59.63

专栏1　构建现代化都市圈体系

1. 广州都市圈。包括广州、佛山全域，肇庆端州区、鼎湖区（含新区）、高要区、高新区、四会市，清远清城区、清新区、佛冈县。发挥广州主核心、佛山副核心的引领带动作用，加快推进广佛同城化，强强联合共建国际化都会区，深入推进广清一体化，联动肇庆、清远、云浮、韶关“内融外联”，打造具有全球影响力的现代化都市圈建设典范。

2. 深圳都市圈。包括深圳、东莞、惠州全域和深汕特别合作区。积极发挥深圳中心城市核心引擎功能，强化东莞的战略支撑作用，推动深莞惠一体化发展，推进河源、汕尾主动承接核心城市功能疏解、产业资源外溢、社会服务延伸，打造具有全球影响力的国际化、现代化和创新型都市圈。

3. 珠江口西岸都市圈。包括珠海、中山、江门、阳江四市。以珠海为核心加快推动珠中江协同发展，联动阳江协同建设粤港澳大湾区辐射带动粤西地区发展重要增长极。

4. 汕潮揭都市圈。包括汕头、潮州、揭阳三市全域，梅州都市区为联动发展区。强化汕头省域副中心城市和沿海经济带重要发展极功能定位，以汕头为中心、以汕潮揭临港空铁经济合作区等战略平台为重点，大力推进汕潮揭同城化发展，联动梅州都市区加快发展，打造链接粤闽浙沿海城市群与粤港澳大湾区的战略枢纽。

5. 湛茂都市圈。包括湛江、茂名两市。强化湛江省域副中心城市和沿海经济带重要发展极功能定位，以湛江为中心，以湛茂空港经济区建设为重点推动湛茂一体化发展，全方位参与北部湾城市群建设，积极融入“一带一路”倡议和粤港澳大湾区、深圳中国特色社会主义先行示范区、海南自由贸易港等国家重大发展战略，打造服务重大战略高质量发展区。

资料来源：《广东省人民政府关于印发广东省新型城镇化规划（2021—2035 年）的通知》（粤府〔2021〕74 号）。

（三）自然资源条件

1. 土地资源

广东省土地面积 17.97 万 km^2，其中：珠三角地区土地面积 5.48 万 km^2，占比 30.48%；粤东粤西和粤北山区土地面积 12.49 万 km^2，占比 69.52%（广东统计局，2022）。

分区域土地面积统计（2021 年）

序号	区域	土地面积	
		数量（km^2）	占比（%）
	合 计	179694.45	100
1	珠三角地区	54766.01	30.48
	小 计	54766.01	30.48
2	粤东地区	15495.20	8.62
3	粤西地区	32681.80	18.19
4	粤北山区	76751.44	42.71
	小 计	124928.44	69.52

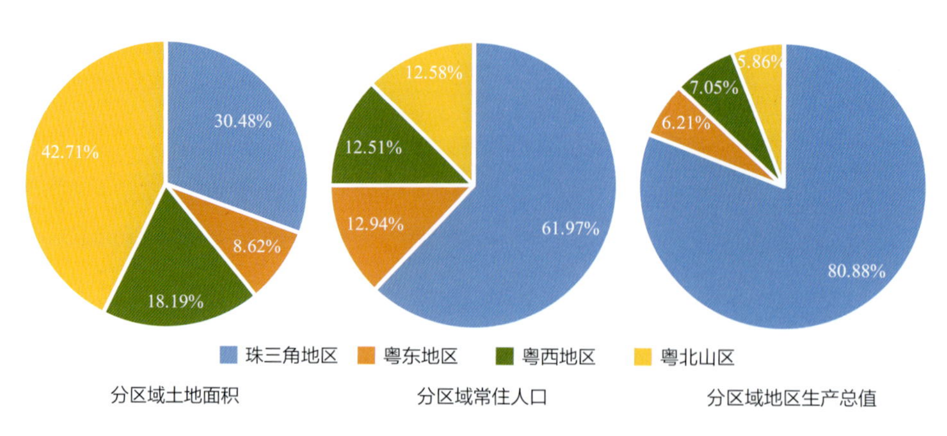

广东省分区域土地面积、常住人口、地区生产总值统计

2. 森林资源*

根据国家林业和草原局发布的《2021 中国林草资源及生态状况》数据，广东省森林覆盖率 53.03%，排全国第 5；森林蓄积量 5.78 亿 m^3，居全国第 11；乔木林单位面积蓄积量 $64.99m^3/hm^2$，居全国第 22。

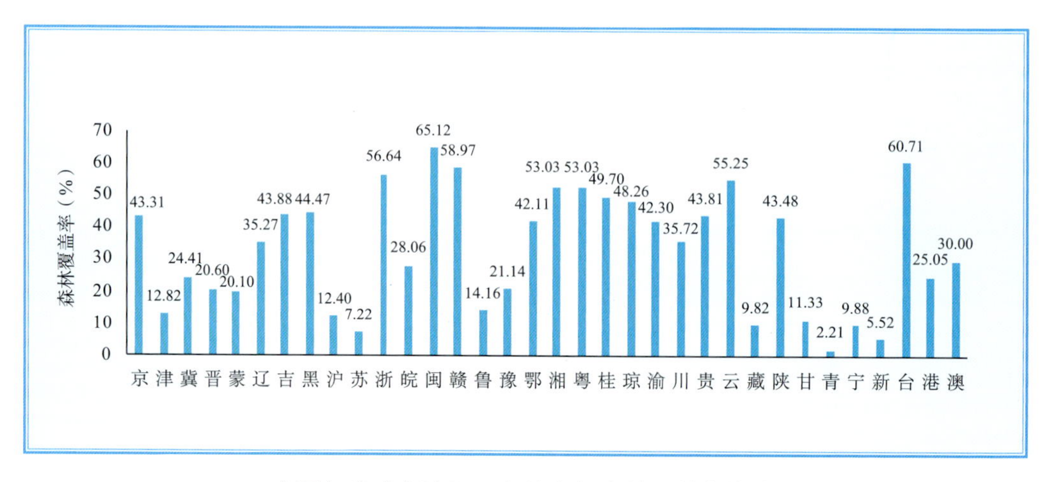

全国各省（自治区、直辖市）森林覆盖率统计

* 源自国家林业和草原局公布的《2021 中国林草资源及生态状况》数据，与广东省森林资源二类调查档案更新数据统计口径、标准不一致，数据结果有差异。

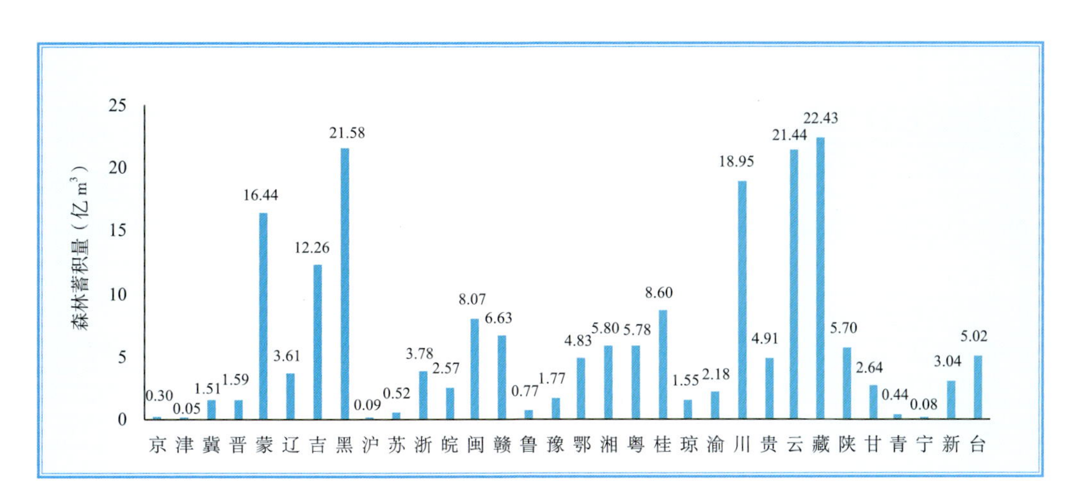

全国各省（自治区、直辖市）森林蓄积量统计

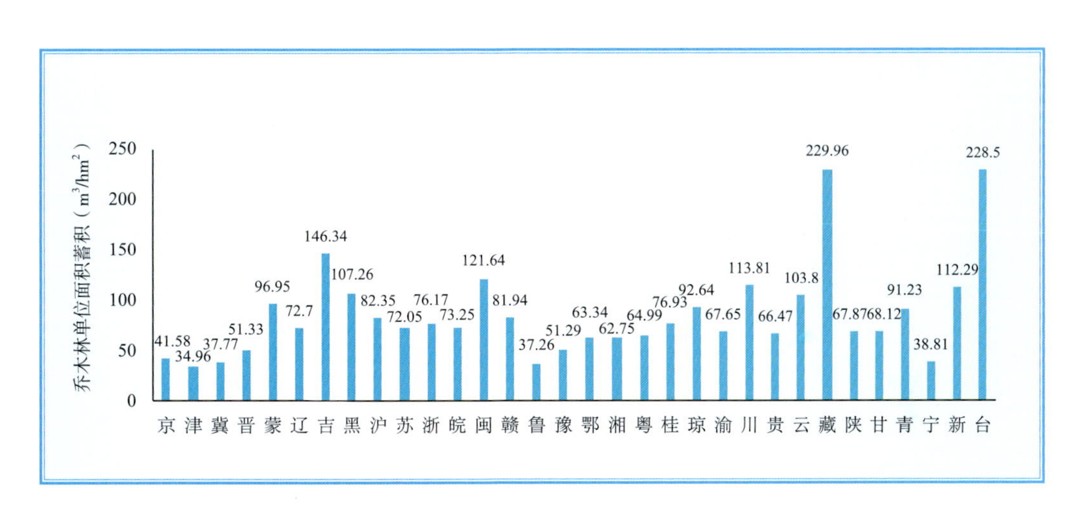

全国各省（自治区、直辖市）乔木林公顷蓄积量统计

专栏 2　森林资源主要指标排序情况

一、全国各省（自治区、直辖市）森林资源主要指标排序

序号	统计单位	森林面积		森林覆盖率		森林蓄积量		乔木林每公顷蓄积量	
		万 hm²	排序	%	排序	万 m³	排序	m³/hm²	排序
1	全国	23063.63		24.02		1949280.8		95.02	

（续表）

序号	统计单位	森林面积		森林覆盖率		森林蓄积量		乔木林每公顷蓄积量	
		万 hm²	排序	%	排序	万 m³	排序	m³/hm²	排序
2	北京	71.06	28	43.31	13	2952.49	28	41.58	27
3	天津	15.4	30	12.82	24	508.32	31	34.96	31
4	河北	460.52	19	24.41	19	15101.1	24	37.77	29
5	山西	322.82	23	20.60	21	15877.61	22	51.33	25
6	内蒙古	2302.08	1	20.10	22	164424.01	5	96.95	8
7	辽宁	524.38	17	35.27	17	36073.48	16	72.7	16
8	吉林	838.99	12	43.88	10	122586.86	6	146.34	2
9	黑龙江	2012.35	3	44.47	9	215847.19	2	107.26	6
10	上海	10.68	31	12.40	25	857.22	29	82.35	11
11	江苏	76.83	27	7.22	29	5162.84	26	72.05	17
12	浙江	598.91	16	56.64	3	37786.63	15	76.17	14
13	安徽	393.21	20	28.06	18	25669.44	19	73.25	15
14	福建	807.72	13	65.12	1	80713.30	8	121.64	3
15	江西	984.50	8	58.97	2	66328.90	9	81.94	12
16	山东	223.81	24	14.16	23	7672.41	25	37.26	30
17	河南	350.28	21	21.14	20	17731.81	21	51.29	26
18	湖北	782.97	14	42.11	15	48336.09	14	63.34	23
19	湖南	1123.44	7	53.03	5	58037.93	10	62.75	24
20	广东	953.29	9	53.03	5	57811.71	11	64.99	22
21	广西	1181.30	5	49.70	7	85953.26	7	76.93	13
22	海南	169.47	25	48.26	8	15493.33	23	92.64	9
23	重庆	348.48	22	42.3	14	21845.89	20	67.65	20
24	四川	1736.26	4	35.72	16	189498.02	4	113.81	4
25	贵州	771.56	15	43.81	11	49081.1	13	66.47	21
26	云南	2117.03	2	55.25	4	214447.6	3	103.8	7
27	西藏	1181	6	9.82	28	224264.18	1	229.96	1
28	陕西	894.09	11	43.48	12	56953.8	12	67.87	19

（续表）

序号	统计单位	森林面积		森林覆盖率		森林蓄积量		乔木林每公顷蓄积量	
		万 hm^2	排序	%	排序	万 m^3	排序	m^3/hm^2	排序
29	甘肃	482.67	18	11.33	26	26406.88	18	68.12	18
30	青海	153.67	26	2.21	31	4441.91	27	91.23	10
31	宁夏	51.29	29	9.88	27	807.15	30	38.81	28
32	新疆	901	10	5.52	30	30404.94	17	112.29	5
33	台湾	219.71		60.71		50203.4		228.5	
34	香港	2.77		25.05					
35	澳门	0.09		30					

注：① 数据引自《2021 中国林草资源及生态状况》；
② 台湾省数据来源于《台湾地区第四次森林资源调查统计资料（2013 年）》；
③ 香港特别行政区数据来源于《中国统计年鉴（2018）》；
④ 澳门特别行政区数据来源于《澳门统计年鉴（2011）》。

二、世界部分国家森林资源主要指标排序

序号	统计单位	森林面积		森林覆盖率		森林蓄积量		森林单位蓄积量	
		千 hm^2	排序	%	排序	百万 m^3	排序	m^3/hm^2	排序
1	全球	4058931		31		556526		137.1	
2	中国	230636	5	24.02	136	19493	6	95.02	105
3	俄罗斯	815312	1	49.8	60	81071	2	99	103
4	巴西	496620	2	59.4	34	120358	1	242	27
5	加拿大	346928	3	38.2	89	45108	3	130	78
6	美国	309795	4	33.9	106	41269	4	133	75
7	澳大利亚	134005	6	17.4	148				
8	秘鲁	72330	9	56.5	40	11525	9	159	63
9	印度	72160	10	24.3	130	5142	15	71	126
10	哥伦比亚	59142	13	53.3	49	14830	7	251	23
11	委内瑞拉	46231	15	52.4	52	10254	10	222	31
12	圭那亚	18415	34	93.6	3	7068	11	384	4
13	新西兰	9893	53	35.6	97	4144	18	419	1

（续表）

序号	统计单位	森林面积		森林覆盖率		森林蓄积量		森林单位蓄积量	
		千 hm^2	排序	%	排序	百万 m^3	排序	m^3/hm^2	排序
14	苏里南	15196	44	97.4	1	5651	13	372	5
15	瑞士	1269	117	32.1	112	449	78	354	7
16	罗马尼亚	6929	65	30.1	118	2355	35	340	9
17	加蓬	23531	24	91.3	5	5530	14	235	29
18	德国	11419	51	32.7	110	3663	23	321	13
19	日本	24935	23	68.4	22				212
20	英国	3190	90	13.2	158	677	67	212	37
21	法国	17253	38	31.5	113	3056	27	177	50
22	瑞典	27980	22	68.7	21	3654	24	131	77
23	芬兰	22409	25	73.7	12	2449	33	109	93
24	挪威	12180	50	40.1	85	1233	47	101	100
25	南非	17050	40	14.1	155	898	61	53	142

注：数据引自《2021 中国林草资源及生态状况》。

3. 野生动物

广东省分布陆生脊椎野生动物 1018 种（包括两栖纲 113 种、爬行纲 173 种、鸟纲 577 种、哺乳纲 155 种）。列入国家重点保护野生动物名录的 254 种（包括国家一级保护动物 59 种、国家二级保护野生动物 195 种）。

穿山甲
供图：南岭国家级自然保护区管理局

白鹇
供图：南岭国家级自然保护区管理局

其中由林业部门主管的国家一级保护野生动物 42 种（包括哺乳纲 11 种、鸟纲 27 种、爬行纲 3 种及昆虫纲 1 种），代表物种有华南虎、小灵猫、中华穿山甲、白鹳、黑鹳、中华秋沙鸭、海南鳽、黑脸琵鹭、鳄蜥、金斑喙凤蝶等；国家二级保护野生动物 146 种（包括哺乳纲 14 种、鸟纲 109 种、爬行纲 13 种、两栖纲 4 种及昆虫纲 6 种），代表物种有猕猴、黑熊、豹猫、黄喉貂、毛冠鹿、水鹿、白鹇、白胸翡翠、白腰杓鹬、斑头大翠鸟、斑头秋沙鸭等（广东省政府网，2023）。

鳄蜥
供图：广东省林业事务中心

金斑喙凤蝶
供图：南岭国家级自然保护区管理局

4. 野生植物

广东省分布野生高等植物 6654 种（包括苔藓植物 691 种、石松类和蕨类植物 587 种、裸子植物 29 种、被子植物 5347 种），列入国家重点保护野生植物名录的 161 种（包括国家一级保护野生植物 10 种、国家二级保护野生植物 151 种）。其中由林业部门管理的国家一级保护野生植物有广东苏铁

桫椤

南方红豆杉

（仙湖苏铁）、水松、南方红豆杉、小叶兜兰、紫纹兜兰、杜鹃红山茶、伯乐树、报春苣苔、合柱金莲木等 9 种；国家二级保护野生植物有桫椤、华南五针松、白豆杉、厚叶木莲、杜鹃兰、独蒜兰、八角莲、小叶红豆、紫荆木、四药门花、丹霞梧桐、土沉香等 101 种（广东省政府网，2023）。

厚叶木莲　供图：胡喻华

独蒜兰　供图：胡喻华

5. 自然保护地

广东省自然保护地总数 1361 个，其中省级以上自然保护地共 273 个。珠三角地区省级以上自然保护地共 112 个，占比 41.03%，总面积 45.42 万 hm^2，占比 31.01%；粤东、粤西和粤北山区的省级以上自然保护地共 161 个，占比 58.97%，总面积 101.06 万 hm^2，占比 68.99%。

分区域省级以上自然保护地资源

序号	区域	数量		面积	
		个数	占比（%）	万 hm^2	占比（%）
合 计		273	100	146.48	100
1	珠三角地区	112	41.03	45.42	31.01
小 计		112	41.03	45.42	31.01
2	粤东地区	26	9.52	9.52	6.50
3	粤西地区	30	10.99	17.93	12.24
4	粤北山区	105	38.46	73.61	50.25
小 计		161	58.97	101.06	68.99

二、发展历程

广东地区历史上曾分布着茂密的森林，在明清时期森林资源还相当丰富，但随着人口增加、耕地扩展以及战乱频繁，森林不断地遭受破坏。到了民国时期，森林破坏加剧，森林面积明显减少（广东省地方史志编纂委员会，1998）。新中国成立以后，根据林业发展主导方向的演变，广东林业建设发展大体上可划分为木材生产为主时期、绿化快速发展时期、绿化巩固提升时期、绿美广东生态建设时期等四个阶段。

（一）木材生产为主时期

1949—1978年。这一时期国民经济发展对林业的主要需求是木材利用。

新中国成立初期，百废待兴，工业基础十分薄弱，木材是支撑国家建设的重要原材料，国民经济恢复建设急需木材是当时最基本国情。1950年2月，首次全国林业业务会议在北京召开，5月，政务院发布《关于全国林业工作的指示》，确立了“普遍护林，重点造林，合理采伐和合理利用”的林业建设方针。这一时期广东经济社会发展对林业的主导需求是木材，加之受“以粮为纲”思想影响，使得林地成了扩大耕地面积的重要来源。

1950年冬到1952年，土地改革，将山林分给农民，组织互动组和合作造林小组；1955年上半年出现了一批林业或者林农合作社（初级社）；下半年掀起了办高级社的热潮，成立了1.69万个林业生产合作社，入社农户占林农总数的80%。机构改革，1950年成立广东省农林厅，1954年成立广东省林业厅，地（市）县区也先后设立林业机构，重点林区共设置了500个林业站，并着手建立新的国营林场和开发大型国有林区等工作。1954年后，木材产销被完全纳入了计划经济的轨道。这些变革适应了当时生产力的发展水平，促进了林业发展。

1958年，由于历史原因林业建设遭受到巨大的挫折，随着出现经济困难，粮食紧张，到处毁林开荒，对森林资源造成了极其严重的破坏。1960年，中共中央发出《关于农村人民公社当前政策问题的紧急指示信》后，在所有制方面“左”倾的做法逐步得到纠正，到 1962 年，林区已经基本恢复了以生产队为基本核算单位的体制，群众营林的积极性逐渐恢复，林业逐渐开始稳定发展。这一阶段全省对木材实行“四统一”（统一生产计划，统一贮存调拨，统一销售和统一财务管理），是新中国成立后管理最严格的时期。

从 1966 年到 1978 年，康复中的林业又一次遭受了严重的挫折。乱砍滥伐时间之长、蔓延之广、损失之大都是空前的。林业的各项经济指标剧烈起伏波动，森林的可伐资源濒于枯竭，山林权属频繁变动，山林纠纷迭起。

1949 年年底全省有林地面积 372 万 hm^2；到 1978 年年底，全省有林地面积 587.8 万 hm^2，林分蓄积量 2.03 亿 m^3。

（二）绿化快速发展时期

1979 —1994 年，这一时期林业发展的主要任务是消灭荒山、绿化广东，使南粤大地披上绿装。

1978 年 12 月，中共中央十一届三中全会的召开，标志着中国进入了改革开放的新时期，随着经济社会的不断发展和人民生活水平的不断提高，人们开始逐渐认识到林业既是一项重要基础产业，又是一项重要的公益事业，同时兼有三大效益，广东林业从此进入新的发展阶段。1981 年贯彻中共中央、国务院《关于保护森林发展林业若干政策问题的决定〈修正草案〉》，全省开展了以稳定山林权属、划定自留山和确定林业生产责任制为主要内容的林业“三定”工作，1985 年贯彻中共中央、国务院《关于进一步活跃农村经济的十项政策》，开放了集体林区的木材市场等。这一时期林业发展得到初步恢复。

1985 年，广东省委、省政府作出“五年种上树、十年绿化广东”的决定。1989 年 7 月，新会成为第一个绿化达标县；1991 年 7 月，湛江成为第一个绿化达标市。1993 年 12 月，海丰获批绿化达标县，标志着全省 105 个绿化达标县（市、区）建成。1991 年，广东省被党中央、国务院授予“全国荒山造林绿化第一省”的称号。1994 年，省委、省政府作出“关于巩固绿化成果，加快林业现代化建设的决定”，确立了以分类经营为指针，培育资源为基础，提高效益为中心，由以木材利用为主的传统林业向以生态效益优先三大效益兼顾的现代林业转变，提出了“增资源、增效益、优化环境，基本实现林业现代化”的奋斗目标，强化森林分类经营改革，加快生态公益林和商品林基地建设。同年省人大颁布了《广东省森林保护管理条例》，正式以法律形式对全省森林实行分类经营管理。

到 1994 年年底，全省林地面积 1079.34 万 hm^2、有林地面积 888.42 万 hm^2、活立木总蓄积量 2.56 亿 m^3、森林覆盖率 54.7%*。

（三）绿化巩固提升时期

1995—2020 年，这一时期林业发展的主要任务是在绿化广东的基础上，实施新一轮绿化广东大行动，巩固提升绿化水平。

1998 年，广东省委、省政府作出《关于组织林业第二次创业，优化生态环境，加快林业产业进程的决定》，加快林业产业体系建设的同时狠抓林业生态体系建设。1998 年 11 月，广东省人民政府发布第 48 号令《广东省生态公益林建设管理和效益补偿办法》，1999 年开始实施生态公益林补偿机制，补偿标准为 37.5 元 /hm^2。1998 年，省人大通过《关于加快营造生物防火林带工程建设议案的决议》，从 1999 年起至 2008 年，全省完成生物防火林带建设 8.3 万 km，面积 9.46 万 hm^2。2000 年，省人大通过《关于加快自然保护区建设的决议》，省人民政府决定从 2000 年到 2009 年，全省自然保护区总数达到 183 个，管护面积占全省国土面积 3.52% 以上。

2003 年，中共中央、国务院出台《关于加快林业发展的决定》确立了以生态建设为主的林业发展方向。2005 年，广东省委、省政府作出《关于加快建设林业生态省的决定》，对林业进行了明确定位：在可持续发展中，赋予林业以重要地位；在生态建设中，赋予林业以首要地位；在经济建设中，赋予林业以基础地位。2009 年，中央林业工作会议召开，为全国林业建设指明了方向，注入了强大动力。这一时期，广东林业开始由传统林业向

* 1994 年资源数据源自全省二类调查档案数据。

现代林业发展，提出建设“生态林业、创新林业、民生林业、文化林业、和谐林业”的新思路，构建完善的林业生态体系、发达的林业产业体系、繁荣的生态文化体系，不断提升林业多种功能。

2012 年，党的十八大把生态文明建设纳入中国特色社会主义事业“五位一体”的总体布局，提出建设美丽中国、实现中华民族永续发展的奋斗目标。2013 年，广东省委、省政府作出了《关于全面推进新一轮绿化广东大行动的决定》，提出通过 10 年左右的努力，将广东建设成为森林生态体系完善、林业产业发达、林业生态文化繁荣、人与自然和谐的全国绿色生态第一省。开展森林碳汇、生态景观林带、森林进城围城、乡村绿化美化等四大重点林业生态工程建设。2016 年，广东率先全面启动珠三角国家森林城市群建设，到 2020 年，基本建成全国首个国家森林城市群。

2020 年，广东省政府成立广东国家公园建设工作领导小组，开展南岭国家公园创建。同年 3 月，广东省第十三届人民代表大会常务委员会第十九次会议修订通过《广东省野生动物保护管理条例》，成为全国第一个完

水源涵养林

风景林

自然保护区林　　供图：广东省林业事务中心

成修订的野生动物保护省级地方性法规，率先将“全面禁食陆生野生动物”明确写入省级地方性法规。

广东致力于构建公益林生态补偿稳步增长机制。2008—2017 年，按照 30 元 /（hm^2·年）的幅度递增，2017 年达到 420 元 /hm^2；2018 年起到 2020 年，按照 60 元 /（hm^2·年）的标准继续逐年提高公益林补偿标准，2020 年达到 600 元 /hm^2。2018 年开始，按照特殊区域、一般区域、珠三角经济发达区域等 3 个区域，实施省级以上公益林分区域差异化补偿。

截止到 2020 年，全省林地面积 1057.12 万 hm^2，森林面积 1053.22 万 hm^2，森林蓄积量 5.84 万 m^3，公益林面积 475.7 万 hm^2，森林覆盖率 58.7%*。

（四）绿美生态建设时期

2021 年至今，这一时期林业发展主要任务是在新一轮绿化广东的基础上，开启“绿美”高质量发展，推动实现林业现代化。

2021 年，广东省林业局印发实施《广东省林业保护发展“十四五”规划》，提出实施绿美广东大行动，建设南粤秀美山川。

2021 年，广东省全面推行林长制工作领导小组成立，率先在全国设立双总林长，由省委主要负责同志担任第一总林长、省政府主要负责同志担任总林长，建立起省 - 市 - 县 - 镇 - 村五级林长制体系。

2021 年，国家林业和草原局（国家公园管理局）正式批复同意《南岭国家公园创建方案》，2022 年，顺利通过国家工作组对创建工作的实地核查和评估，启动丹霞山国家公园创建论证工作，广东省委、省政府印发《关于建立以国家公园为主体的自然保护地体系的实施意见》，全省开展自然保护地整合优化。

2022 年 12 月，广东省委十三届二次全会审议通过了《中共广东省委关于深入推进绿美广东生态建设的决定》，提出突出绿美广东引领，高水平谋划推进生态文明建设，打造人与自然和谐共生的绿美广东样板，走出新时

---

* 2020 年资源数据源自全省二类调查档案数据。

代绿水青山就是金山银山的广东路径，标志着广东进入“绿美”高质量发展的新时期。

第三节　经验启示

一、国外林业发展经验启示

（一）世界林业发展趋势

从有着近百年历史的世界林业大会（World Forestry Congress）历届会议主题看，林业作为重要的公益事业和基础产业，地位作用随着经济社会

历届世界林业大会主题一览

届别	时间	地点	主题	阶段
1	1926	意大利罗马	林业调查与统计方法	木材与产量
2	1936	匈牙利布达佩斯	通过国际合作达到木材产业与消费平衡	
3	1949	芬兰赫尔辛基	热带林业	森林与经济
4	1954	印度台拉登	林区在土地经济与经济发展中的作用和定位	
5	1960	美国西雅图	森林与林地的多种用途	
6	1966	西班牙马德里	林业在不断变化的世界经济中的作用	
7	1972	阿根廷布宜诺斯艾利斯	森林与社会经济发展	林业与社会
8	1978	印尼雅加达	森林为人类	
9	1985	墨西哥墨西哥城	社会综合发展中的森林资源	
10	1991	法国巴黎	森林：未来的遗产	
11	1997	土耳其安塔利亚	林业为可持续发展：迈向 21 世纪	林业与环境
12	2003	加拿大魁北克	森林：生命之源	
13	2009	阿根廷布宜诺斯艾利斯	森林在发展中的至关重要的平衡作用	
14	2015	南非德班	森林与人类：为可持续的未来而投资	
15	2022	韩国首尔	通过森林打造绿色、健康和有韧性的未来	

发展不断变化，内涵在不断丰富、功能在不断拓展、效用在不断延伸，越来越受到广泛重视。

世界林业大会是成立于 1926 年的国际林业工作者科学技术性会议，其前身是 1900 年和 1913 年先后在法国巴黎举办的国际营林大会。1943 年联合国粮农组织（FAO）提议，世界林业大会作为联合国的一种特别组织，应每 6 年定期召开一次，由一个联合国会员国与粮农组织林业司合作主办。世界林业大会旨在针对全球性的热点问题，开展广泛的国际交流与合作，协调各国政府对森林问题的认识。大会以宣言的形式建议采取的行动在适合的地方、国家、区域或世界范围予以实施（中国林业科学研究院网，2015），根据大会主题的变化，将世界林业发展划分为四个阶段。

（1）木材与产量阶段。19 世纪初至二战结束前。这一时期林业发展主要强调资源调查统计和木材供给。

（2）森林与经济阶段。二战结束后至 20 世纪 60 年代末。世界林业大会主题关注森林、林地的多种用途，以及在经济发展中的作用。表现出二战后经济和社会的恢复发展，更强调森林发挥支撑作用。这一时期成立了联合国粮农组织、联合国教科文组织、世界气象组织、世界自然保护联盟、世界自然基金会、国际爱护动物基金会等重要国际组织*，推动了全球林业发展，其中，1966 年，联合国教科文组织开展人和生物圈计划，目的是为合理利用和保护生物圈的资源，保存遗传基因的多样性，改善人类同环境的关系。

（3）林业与社会阶段。20 世纪 70~90 年代初。随着工业化进程，在推动经济社会快速发展的同时，由此产生的环境问题逐渐引起全球关注，这也表现在世界林业大会主题关注森林与人类社会的关系。1971 年，《关于特别是作为水禽栖息地的国际重要湿地公约》（简称《湿地公约》）签订于拉姆萨尔；1972 年，联合国环境规划署在瑞士成立，同年召开联合国人类环境会议，并发布了《人类环境宣言》《世界环境行动计划》；1988 年，世界气象组织和联合国环境规划署组建“政府间气候变化专门委员会”；1992 年，召开的联合国环境与发展大会，通过了《关于环境与发展的里约热内卢宣言》

---

* 附录 3 林业相关重要国际组织。

《21 世纪议程》《关于森林问题的原则声明》3 项文件，对《联合国气候变化框架公约》和《联合国生物多样性公约》进行开放签字，1994 年，《联合国防治荒漠化公约》在法国巴黎通过。

（4）林业与环境阶段。20 世纪 90 年代中至今。世界林业大会主题关注林业在可持续发展中的作用。1997 年，作为《联合国气候变化框架公约》补充条款的《京都议定书》签订，其目标是将大气中的温室气体含量稳定在一个适当的水平，进而防止剧烈的气候改变对人类造成伤害；2015 年，《巴黎协定》通过，对 2020 年后全球应对气候变化的行动作出了统一安排，其长期目标是将全球平均气温较前工业化时期上升幅度控制在 2℃以内，并努力将温度上升幅度限制在 1.5℃以内；2020 年联合国粮农组织发布《全球森林资源评估》表明，2015 年以来全球每年减少森林 1000 万 hm^2，而中国森林保持增长态势；2022 年，联合国粮农组织发布了《2022 年世界森林资源状况》报告，提出了实现绿色复苏和解决多重环境危机的 3 种途径，即停止毁林并保持森林面积、恢复退化土地及扩大混农林业、促进森林可持续利用并构建绿色价值链。

（二）部分发达国家林业发展经验启示

德国森林经营管理理论和实践有 200 多年历史，被誉为世界林业发展的典范，是全球公认的近代林业理念与森林经营体系的发源地。美国既是世界经济强国，也是世界林业发达国家之一，美国林业经历 100 多年的发展，在森林经营和公共服务协调发展方面积累了丰富的经验。日本是森林保护和发展较好的国家，尤其是在林业管理方面进行了大量探索和实践，积累了丰富的经验。因此，选取德国、美国和日本 3 个国家，分别从近自然林经营、森林经营与公共服务、林业管理政策 3 个方面总结经验和启示。

1. 德国：近自然林经营

德国近自然林经营理念的普及和发展，是推动德国成为林业强国的重要原因。联邦德国政府在 1975 年修订的《联邦森林法》中明确了森林的多功能性，强调了森林对自然环境的保护作用以及气候保护、水源涵养等功能，并鼓励对森林实施可持续经营。自此，德国开始了以培育和利用生态系统为目标、以近自然经营的理论和技术为手段的森林经营模式。德国的森林面积约占国土面积的 1/3，2021 年，森林平均每公顷蓄积量约 321m^3（我国森林平均每公顷蓄积量仅为 95.02m^3）。木材和林业部门从业人员数量占总人口的近 10%，有 10 多万家林业公司，林业部门贡献了较高的 GDP，主要来自木材、狩猎、食用菌等林产品。从整体看，德国的森林并非主要被用于初级产品生产，而更多地被用在景区以及保护区来发挥文化、游憩等功能，服务于公民的休闲和旅游。

德国近自然林经营的主要经验包括六个方面。一是完备的顶层设计。从组织结构来看，联邦食品与农业部下设林业管理局，主要负责联邦级林业相关的法律、政策、计划等的制定，联邦以下一般设立州、局、科、组四级垂直管理的森林管理机构，这些机构和地方政府并无隶属关系，有较强的独立性；从资产管理的角度，联邦层面实行“政企分离”，政府不直接经营国有林，仅对其监督，此外，德国成立了许多林业团体、林业协会和林业联合会等组织，并赋予其法人资格，形成了多元参与的格局。二是完善的法律体系和规划措施。德国林业法律体系包括联邦级的森林法（含欧盟层面）和各州森林法，联邦级以《森林法》为核心，以《环境保护法》《自然保护法》《狩猎法》等为支撑，各州也根据自身情况制定了森林法实施细则并保有一定的自由裁量权。三是重视森林经营的规划。规划的周期包括短期、中期、长期 3 种，其中，长期规划周期可达上百年，内容涉及造林、经营、采伐、更新

德国森林一角

造林等各个环节。四是专业的经营方案。森林经营方案是德国森林经营的核心，对方案的目标、内容、规划时间等有清晰的表述，对应的方案或者行动计划就具有较强的可操作性。五是严格的管理办法。各州负责本州内的森林资源普查，为森林经营提供基础数据；林权产权清晰并确立了配套的管控要求；设立总面积不大但数量较多、分布较为均匀的自然保护区和国家公园并配套相应的管理办法。六是重视森林经营相关教育培训。德国非常重视林业人才的培养，不断完善林业教育和培训体系，通过《森林法》等立法形式，开展全民森林教育工作（王宇飞等，2022）。

德国近自然林经营给我们的启示是，制定森林经营方案并严格执行，在生态修复和森林质量精准提升的过程中，坚持自然恢复为主、自然恢复和人工修复相结合的原则，逐步恢复地带性植被，发挥森林的多种功能。

2. 美国：森林经营和公共服务协调发展

美国国土总面积为 937 万 km^2，是世界第 4 大森林资源丰富的国家。2021 年，美国森林总面积 3.09 亿 hm^2，森林蓄积总量为 412.7 亿 m^3，森林覆盖率 33.9%。从全球的视角来看，美国人口占全球 5%，土地面积占全球 7%，林地面积占全球 8%，林地生物量占全球 11%，木材蓄积量占全球 8%，用于工业产品生产的木材占全球 27%。

美国林业发展通过实践成功创建出了一套将森林经营服务和公共利益服务统一协调发展的管理模式，主要包括五个方面。一是实现森林资源的可持续利用，满足公共服务多元化。国有林区管理采用多元化管理，以维持健康的陆地和水源生态系统，并满足公众对资源、商品和服务的需求。二是制定国家森林保护计划，有效控制林火灾害。美国林务局通过制定“国家防火计划”“健康森林倡议”和《健康森林恢复法》等，规定森林服务机构将保护人民的生命和财产安全免受森林火灾侵害、保持森林生态系统的健康以及可持续发展作为重要使命。三是发展可再生资源，减少碳排放。美国林务局始终推动木材能源作为非木材产品替代化石燃料的能源项目，并且帮助越来越多的机构制定并实施了减少温室气体排放的策略。四是构建科研网络系统，不断提升应用技术。美国林务局进行的森林服务研究，提供了管理美国和海外森林的科研成果、学术知识和服务工具，出台的国际森林服务计划促进了可持续森林经营管理以及国际生物多样性保护。五是提供清洁水源，构建环境卫生社会。在林务局管理下，国家森林和草原所提供的清洁饮用水，是重要用水来源。

美国森林经营和公共服务协调发展给我们的启示是，森林可持续经营的同时，要服务公众利益、服务社会利益。

3. 日本：林业管理政策

长期以来，日本林业在森林经理、森林认证、木质品发展、国有林管理、立法和执法、技术创新等方面进行了大量探索和实践，积累了丰富的经验。同时，日本林业在促进经济增长、乡村振兴和远山社区发展、改善原住民生活、灾后重建等方面发挥着巨大作用。2021 年，日本森林覆盖率 68.4%，相当于国土面积的三分之二被森林覆盖，其中 40% 为人工林，总蓄积量达 52 亿 m^3。

现代的日本森林与林业管理政策是以《森林 · 林业基本法》为基础，制定《森林 · 林业基本计划》（以下简称《计划》）来确定政策发展变化的方向，每隔 5 年修订一次，通过修订《计划》来完善政策。2016 年，提出了复兴日本森林、林业发展目标，即在保证森林资源可持续发展的前提下，合理推进森林资源的开发，以促进林业的发展，从而保证林农生活的改善与林业人才的培养，同时还需要积极应对全球气候变化，保护生物多样性等方面的挑战，从保护森林功能多样化及保持林业产品供应两个方面制定了具体的政策目标。2021 年，提出了森林、林业和木材产业“绿色增长”新目标，阐述了通过对森林实施妥善的、适当的管理，可提高林业和木材产业可持续发展的理念，旨在促进经济社会繁荣发展，实现 2050 年碳中和目标。

此外，日本重视林业在远山社区和乡村振兴中的作用。远山社区居民从事林业活动人数较多，在保护多功能森林方面作用重大。目前根据《山村发展法》的规定，“山村发展区”占土地总面积的 50%，占森林总面积的 60%。然而，由于山村人口减少及老龄化问题严重，森林经营难度越来越大。但远山社区丰富的森林和水资源、美丽的景观、传统和文化对城镇居民颇具吸引力，日本的乡村振兴主要是通过提高农村资源利用率，特别是薪炭林和野生植被，以及农村－城市在农林渔业方面的交易等实现上述目标，政府为采伐、保护未利用森林、合理利用森林资源以及开展森林环境教育等森林活动提供支持（彭伟等，2021）。

日本林业管理政策给我们的启示是，制定林业基本计划和长期稳定又不失灵活性的管理政策体系，使既定的发展目标可以实现。

二、国内林业发展经验启示

（一）林业在国民经济社会发展中的地位作用

纵观新中国林业 70 多年的发展历程，林业在国民经济发展中的地位和作用发生着深刻的变化。新中国成立之初，林业为国家经济建设提供了大量木材，由此成为支撑起当时经济建设大厦的一块基石。随着社会经济的发展，林业以木材生产为主转向以生态建设为主，功能和作用得到了更广阔更深远的拓展，在国家生态安全中具有基础性、战略性作用。

（1）“一五”时期（1953—1957 年）。强调木材工业的发展，新建一批采伐企业，在东北和内蒙古修建森林铁路，增加原木产量。营造经济林和防护林，明确加强森林调查和森林经营的规划设计工作。鼓励各地利用荒山荒坡发展木本油料。在有条件的地区建立打草站和草原工作站，实行分片轮牧制度，保护草原。

（2）“二五”时期（1958—1962 年）和国民经济调整时期（1963—1965 年）。“大跃进”和三年自然灾害阶段，一方面林业建设速度加快，同时忽视生产关系适应生产力发展水平的规律，基于错误的认知，使森林资源遭到严重破坏。国民经济调整时期，通过“调整、巩固、充实、提高”等一系列的政策，缓和了“大跃进”和三年自然灾害给林业带来的伤害。

（3）“三五”“四五”时期（1966—1975 年）。社会经济发展处于失序状态，森林资源又一次遭到破坏，林业生产基本处于崩溃的边缘。

（4）“五五”时期（1976—1980 年）。提出要正确地认识农业和林、牧、副、渔业之间相互促进的辩证关系。要因地制宜，以改土、治水为中心，实行山、水、田、林、路综合治理，大搞植树造林，绿化祖国，发动群众搞好村旁、宅旁、路旁、水旁的绿化工作。提倡工矿交通企业造林。西北、华北地区要抓紧营造防护林，治理风沙，保持水土。各省（自治区、直辖市）都要加快营造用材林和经济林，要研究和落实林业政策，加强林区建设，保护和合理开发现有森林。抓好草场建设，建立饲草、饲料基地，认真治理草原鼠害、虫害，积极防治畜病，大力改良畜种，并搞好副产品加工。

（5）“六五”时期（1981—1985 年）。明确和稳定山权林权，建立和完善多种形式的责任制。认真贯彻执行营造与管理并重的方针，加强林木的管理和保护。在营造林方面，继续建设西北、华北、东北地区的防护林体系。在平原、河网地区大力营造农田林网，搞好村旁、水旁、路旁、宅旁植树。有重点地营造速生丰产林和经济林。在木材采运方面，严格控制森林采伐量，制止乱砍滥伐，不准超计划采伐，不准截留国家木材。严格实行木材统购统销，关闭木材自由市场，取消木材议价和变相议价。

（6）“七五”时期（1986—1990 年）。广泛开展荒山、荒地造林以及封山育林。继续建设西北、华北、东北地区防护林体系，积极营造长江中、上游水源涵养林和水土保持林，加速平原河网地区的绿化，继续开展村旁、水旁、路旁和宅旁的植树。加强林政管理，制止乱砍滥伐。积极进行土地沙漠化的防治，加强山区的综合开发。努力搞好城市园林绿化。

（7）“八五”时期（1991—1995 年）。积极开展植树造林绿化活动，努力提高造林成活率。切实保护和有效利用现有森林资源，严格执行森林采伐限额，大力开展营林建设。坚持以营林为基础，合理采伐，加强老林区基地恢复建设，加快新林区开发，积极发展林产工业和林区造纸，加强木材综合利用，生产各种林产品。

（8）“九五”时期（1996—2000 年）。实施可持续发展战略，依法保护并合理开发森林、草原资源，完善自然资源有偿使用制度和价格体系，逐步建立资源更新的经济补偿机制。积极培育森林资源，保护原始森林，发展人工林，重点抓好防护林体系、速生丰产林基地建设和山区林业综合开发，促进林产工业发展。

（9）“十五”时期（2001—2005年）。林业可持续发展的主要预期目标是生态恶化趋势得到遏制。推进西部大开发。加强生态建设和环境保护，保护天然林资源，因地制宜实施坡耕地退耕还林还草，推进防沙治沙和草原保护，注意发挥生态的自我修复能力。强化森林防火、病虫害防治和采伐管理，完善林业行政执法管理体系和设施。

（10）“十一五”时期（2006—2010年）。生态保护和建设的重点从事后治理向事前保护转变，从人工建设为主向自然恢复为主转变，从源头上扭转生态恶化趋势。在天然林保护区、重要水源涵养区等限制开发区域建立重要生态功能区，促进自然生态恢复。健全法制、落实主体、分清责任，加强对自然保护区的监管。有效保护生物多样性，防止外来有害物种对我国生态系统的侵害。按照谁开发谁保护、谁受益谁补偿的原则，建立生态补偿机制。保护红树林、海滨湿地等。增强防灾减灾能力，加强对滑坡、泥石流和森林、草原火灾的防治。

（11）“十二五”时期（2011—2015年）。充分发挥林业在推进新一轮西部大开发、全面振兴东北地区等老工业基地、大力促进中部地区崛起、积极支持东部地区率先发展、加大对革命老区、民族地区、边疆地区和贫困地区扶持力度等区域发展总体战略中重要作用。积极应对全球气候变化，构建生态安全屏障、强化生态保护与治理。

（12）“十三五”时期（2016—2020年）。充分发挥林业在推动京津冀协同发展、推进长江经济带发展、扶持特殊类型地区发展等区域协调发展中的重要作用。全面提升生态系统功能、扩大生态产品供给、维护生物多样性、完善生态环境保护制度。

（二）集体林权制度改革

1. 新中国集体林权制度的历史沿革

集体林是广大林农的重要生产资料，对提高林农生活水平、保障国家生态安全、维护生物安全、应对气候变化具有重要意义。新中国成立以来，我国集体林权制度经历了数次变迁，大体上可以分为六个阶段。

（1）土地改革时期，分林到户阶段（1949—1952年）。1950年6月，中央人民政府委员会第八次会议通过的《中华人民共和国土地改革法》规定“废除地主阶段封建剥削的土地所有制，实行农民的土地所有制”“承认一切土地所有者自由经营、买卖及出租其土地的权利”。1951年南方集体林区开展土地改革运动，由县级人民政府发放所有权证。土地改革完成后，农民成为了土地的主人，这一时期，农民拥有完整的森林资源产权。

（2）农业合作化运动时期，山林入社阶段（1953—1957年）。1953年12月，中共中央通过《关于发展农业生产合作社的决议》，掀起了大办农业合作社的热潮。农业合作化运动先以农民互助合作的方式成立互助组，而后通过将土地和山林折价，成立初级社。在初级社阶段，林地的所有权和使用权发生分离，私人拥有所有权，初级社拥有使用权。之后又从初级社过渡到高级社。在高级社阶段，山林的所有权与使用权都归合作社集体所有，农户将自己的山林折价入社，实行合作社集体合作经营。森林资源产权发生了分离，农民个体依然是林地资产所有权主体，但林地资产使用权、林木资产所有权和使用权转移给了农村合作社，这也是新中国成立以来第一次“两权分离”时期，集体林开始走向规模经营，其实质是农民森林资源资产所有权与经营权相分离。这种产权安排没有从根本上剥夺农民的利益，同时有利于合作社对土地实行统一规划，合理利用，打破家庭生产的局限性，改善了林业生产条件，取得了规模经济效益。

（3）人民公社时期的山林集体所有、统一经营阶段（1958—1980年）。1958年，人民公社化运动开始，合作社的山林全部划归公社所有。1962年，党的八届十中全会通过《农村人民公社工作条例修正草案》（简称六十条），确定了人民公社集体所有制包含公社、大队、生产队三级所有，同时划定少量自留山，将少量的林地和林木使用权下放给了农户。农村集体化时期通过人民公社“一大二公”将森林资源产权全部收归农村集体所有，农村集体成了森林资源产权唯一主体。

（4）林业“三定”阶段（20世纪80~90年代初）。1981年，《中共中央、国务院关于保护森林发展林业若干问题的决定》的颁布，在集体林区实施了以稳定山权林权，划定自留山和落实林业生产责任制为主要内容的林业

“三定”政策。一是国家所有、集体所有的山林、树木，个人所有的树木和使用的林地，以及其他部门、单位所有的林木和使用的林地，权属清楚的，都应予以承认，由县或县以上人民政府颁发林权证，保障所有权不变。二是根据群众需要，划定社员自留山（或荒山荒滩），山权归集体，长期归社员经营，林权永远归社员所有，允许继承，生不补，死不收，不因农户人口变更而增减。三是认真落实林业生产责任制，按照各尽所能、按劳分配原则，把责任与报酬、整体利益与个人利益紧密结合起来，积极推广专业承包、联产计酬责任制。

（5）林权的市场化运作阶段（20 世纪 90 年代初至 20 世纪末）。20 世纪 90 年代初，随着市场经济体制改革的推进，集体林的弊端不断出现，“四荒”拍卖、活立木流转、林地使用权的有偿流转等现象应运而生（徐秀英，2004），林权的市场化运作不断涌现。《中华人民共和国森林法》（1998 年）和《中华人民共和国森林法实施条例》（2000 年）的颁布，也为林权的市场化运作提供了政策和法律依据，加速了林业产权的交易流转，完善了产权保护体系，激活了产权经营主体。

（6）新世纪集体林权制度改革阶段（2003 年至今）。在 2003 年，党中央、国务院颁发《关于加快林业发展的决定》，对集体林权的制度改革作出了总体的部署，试点省份为福建、江西、辽宁、浙江，并开始深化实施集体林权制度改革。此次集体林权制度改革中，国家致力于进一步完善林业产权制度，并且加快推进森林、林木和林地使用权的合理流转，放手发展非公有制林业，并以此进一步推进集体林权制度改革，从而促进了产权经营主体多元化的迅速实现，加快了产权界定、流转，保障了产权权益的实现，进一步解放了林业生产力。

2008 年，中共中央、国务院出台了《关于全面推进集体林权制度改革的意见》，全面推进集体林改。这场改革把全国集体林产权落实到户，是我国继家庭联产承包责任制后又一场土地使用制度的重大变革，受到广大林农群众的拥护。

2016 年，国务院办公厅出台了《关于完善集体林权制度的意见（国办发〔2016〕83 号）》，提出坚持和完善农村基本经营制度，落实集体所有权，稳定农户承包权，放活林地经营权，推进集体林权规范有序流转，促进集体林业适度规模经营，完善扶持政策和社会化服务体系，创新产权模式和国土绿化机制，广泛调动农民和社会力量发展林业，充分发挥集体林生态、经济和社会效益。

2021 年，为充分释放集体林地生产力，提升集体林业综合效益，提高林农和社会资本经营林地的积极性，打通实现生态美百姓富的“最后一公里”，国家林业和草原局在山西省晋城市等地开展全国林业改革发展综合试点，探索形成一批可复制可推广的典型模式，稳步探索体制机制创新，实现资源增长、农民增收、生态良好、林区和谐的目标。

2023 年，中共中央办公厅、国务院办公厅印发《深化集体林权制度改革方案》，作为二十大以来中央出台的关于林业改革发展的第一个文件，谋划了新时代新征程深化集体林权制度改革的新蓝图、新愿景，对于促进林业高质量发展，对建设人与自然和谐共生的中国式现代化具有非常重要的意义。

2. 武平——全国林改第一县

福建是林改的领航者，龙岩市武平县是全国“林改第一县”。2000 年，国家林业局推行换发全国统一样式的林权证。2001 年，福建省林业厅组织开展换证试点，武平县被确定为试点县之一。结合换证试点工作，一场被誉为“继家庭联产承包责任制后，中国农村又一场伟大革命”的集体林权制度改革从武平拉开序幕，捷文村成为“全国林改策源地”。

2002 年 4 月，武平县委、县政府出台《关于深化集体林地林木产权制度改革的意见》，提出明晰产权、放活经营权、落实处置权、保障收益权。2002 年 6 月，习近平同志在武平调研时，作出“集体林权制度改革要像家庭联产承包责任制那样，从山下转向山上”的重要指示，从此“山定权、树定根、人定心”。2003 年，福建全省推进集体林权制度改革；2004 年，在全省率先探索林权抵押贷款；2006 年，福建深化集体林权制度改革并得到中央认可，武平围绕“四权”探索林改的经验也上升为国家林改举措；2008 年，全国集体林权制度改革全面启动；2013 年，在全省首创林权直接抵押贷款机制；2017 年，在全国率先推出“普惠金融 · 惠林卡”金融新产品；2021 年，建成全省首个林业金融区块链融资服务平台；2022 年，在全省创新推出升级版的生态金融产品“碳金卡”，探索以“碳汇银行”为平台的林业碳汇和碳普惠激励机制。

党的十八大以来，武平县推动资源变资产变资本，率先推行抵押、担保、授信“三管齐下”，为林业发展提供融资服务；实行服务推动、合作联动、龙头带动的“三轮驱动”，创新林业产业发展机制；探索把林库转化为碳库、把生态优势转化为产业优势、把森林资源转化为旅游资源的“三向转化”，创新生态价值实现路径，让莽莽群山成为林农的“幸福靠山”。

（三）国家生态文明试验区林业建设

党的十八大以来，党中央、国务院就加快推进生态文明建设作出一系列决策部署，先后印发了《关于加快推进生态文明建设的意见》（中发〔2015〕12 号）和《生态文明体制改革总体方案》（中发〔2015〕25 号），习近平总书记就生态文明建设提出了一系列新理论新思想新战略，为我国生态文明建设工作指明了方向。由于历史等多方面原因，我国生态文明建设水平仍滞后于经济社会发展，特别是制度体系尚不健全，体制机制瓶颈亟待突破，迫切需要加强顶层设计与地方实践相结合，开展改革创新试验，探索适合我国国情和各地发展阶段的生态文明制度模式。为此，党的十八届五中全会和“十三五”规划纲要明确提出设立统一规范的国家生态文明试验区。

2016 年，中共中央办公厅、国务院办公厅印发了《关于设立统一规范的国家生态文明试验区的意见》及《国家生态文明试验区（福建）实施方案》。2017 年，《国家生态文明试验区（江西）实施方案》和《国家生态文明试验区（贵州）实施方案》相继印发，至此，福建、江西、贵州作为我国首批 3 个生态文明试验区的实施方案全部获批，标志着试验区建设进入全面铺开和加速推进阶段。2019 年，中共中央办公厅、国务院办公厅印发《国家生态文明试验区（海南）实施方案》，要求通过试验区建设，确保海南省生态环境质量只能更好、不能变差，人民群众对优良生态环境的获得感进一步增强。

1. 福建国家生态文明试验区

福建国家生态文明试验区重点任务包括 6 个方面 26 项，涉林典型经验主要有以下几点。

（1）共商共管共建共享的武夷山国家公园管理体制。武夷山国家公园建立福建、江西跨省联合保护机制，省 - 市县 - 乡村三级联动工作推进机制，管理局 - 管理站两级管理机制，形成事权统一、分级管理、相互协作的管理体制。加强分区管控、立体监管、动态监测、生态修复、责任追究，整合相关执法机构、推进联动执法。完善生态保护补偿机制，支持当地居民参与特许经营和保护管理，发展生态茶产业、生态旅游业、富民竹业等产业，实现生态保护与林农增收双赢。

（2）湿地综合保护修复机制。福州市在闽江河口湿地自然保护区内，通过实施互花米草除治、本土植被恢复、生态鸟岛营造、保护区内养殖塘“退养还湿”等措施开展河口湿地生态修复。通过设置保护区界标、哨卡、安装卫星定位装置，建立水鸟活动网络实时远程监控系统，建设湿地生态系统定位监测站，完善保护区监测体系，提升保护区科学管理水平。

（3）林业资源管护和林业扶贫机制。武平县将采伐证核发行政许可事项委托下放到乡镇一级办理，建立林权管理信息系统，实现林权流转、变更、抵押等信息的实时更新和查询。林业资源管护员实行乡镇人民政府、林业工作站监督，村委会管理，村聘村用。发展林下经济、生态旅游、林产品精深加工等产业扶贫模式，全力打造紫灵芝、百香果、象洞鸡等特色农林产品品牌，拓宽贫困群众增收渠道。

2. 江西国家生态文明试验区

江西国家生态文明试验区重点任务包括 6 个方面 24 项，涉林典型经验主要有以下几点。

（1）重点生态区位商品林管护机制。在加强财力评估的基础上，因地制宜采取租赁、改造提升、赎买、置换等方式，将重点生态区位内限制采伐的商品林逐步调整为公益林，实现“生态得保护，林农得利益”，优先将自然保护区和饮用水水源保护区等重点生态区位林木、个人所有或合作投资造林等非国有非集体权属成熟林和过熟林林木、起源为人工的林木以及优势树种为杉木、马尾松等针叶林纳入改革范围。

（2）“多员合一”生态管护员制度。武宁县将原有分散的、季节性的、收入较低的护林员、养路员、保洁员、河流巡查员等队伍整合为集中的、全季性的、收入相对合理的专业生态管护员队伍。统筹考虑山林面积、公路里程、河流长度、村庄数量等因素，合理划分管护区域，实现“一人一岗、一岗多责”。统筹原护林员补助、保洁员补助和乡村公路养护费等，设立生态环境管护专项资金。

3. 贵州国家生态文明试验区

贵州国家生态文明试验区重点任务包括 8 个方面 32 项，涉林典型经验主要有以下几点。

（1）梵净山世界自然遗产保护管理机制。铜仁市坚持管理实行“多规合一”，制定梵净山保护条例和锦江流域保护条例，建立区域执法协作机制。按照“保护区内做减法、区外做加法”的原则，对世界自然遗产范围内所有建设、生产、经营等活动进行严格管控，在世界自然遗产范围外着力打造精品旅游线路和旅游产品。依托生态优势大力培育生态产业，发展食用菌、中华蜜蜂、冷水鱼养殖等产业，切实保障当地群众利益。

（2）生态产业发展机制。赤水市采用“龙头企业 + 合作社 + 农户”模式发展竹加工产业，形成集生产、加工、销售、配套为一体的全产业链条。采用“平台公司 + 专业公司 + 村集体 + 农户”模式发展金钗石斛产业。依托丹霞地貌、瀑布、森林、河流、特色文化等独特优势，大力发展康养旅游，打造观光、休闲、避暑、文化等旅游精品。

4. 海南国家生态文明试验区

海南国家生态文明试验区重点任务包括 6 个方面 27 项，涉林典型经验主要有以下几点。

生态敏感区域基础设施建设造价服从生态机制。在生态敏感区域进行基础设施建设时实行生态选线，坚持造价服从生态，最大限度地利用现状条

专栏 3　福建省国家生态文明试验区试点重点任务

重点任务	具体内容
1. 建立健全国土空间规划和用途管制制度	开展省级空间规划编制试点、建立建设用地总量和强度双控制度、健全国土空间开发保护制度、推进国家公园体制试点
2. 健全环境治理和生态保护市场体系	培育环境治理和生态保护市场主体、建立用能权交易制度、建立碳排放权交易市场体系、完善排污权交易制度、构建绿色金融体系
3. 建立多元化的生态保护补偿机制	完善流域生态保护补偿机制、完善生态保护区域财力支持机制、完善森林生态保护补偿机制
4. 健全环境治理体系	完善流域治理机制、完善海洋环境治理机制、建立农村环境治理体制机制、健全环境保护和生态安全管理制度、完善环境资源司法保护机制、完善环境信息公开制度
5. 建立健全自然资源资产产权制度	建立统一的确权登记系统、建立自然资源产权体系、开展健全自然资源资产管理体制试点
6. 开展绿色发展绩效评价考核	建立生态文明建设目标评价体系、建立完善党政领导干部政绩差别化考核机制、探索编制自然资源资产负债表、建立领导干部自然资源资产离任审计制度、开展生态系统价值核算试点

专栏 4　江西省国家生态文明试验区试点重点任务

重点任务	具体内容
1. 构建山水林田湖草系统保护与综合治理制度体系	建立健全自然资源资产产权制度、加快完善国土空间开发保护制度、积极探索流域综合管理制度、健全生态系统保护与修复制度
2. 构建严格的生态环境保护与监管体系	健全生态环境监测网络和预警机制、建立健全以改善环境质量为核心的环境保护管理制度、创新环境保护督察和执法体制、完善生态环境资源保护的司法保障机制、健全农村环境治理体制机制
3. 构建促进绿色产业发展的制度体系	创新有利于绿色产业发展的体制机制、建立有利于产业转型升级的体制机制、建立有利于资源高效利用的体制机制
4. 构建环境治理和生态保护市场体系	加快培育环境治理和生态保护市场主体、逐步完善环境治理和生态保护市场化机制、健全绿色金融服务体系
5. 构建绿色共治共享制度体系	创新生态扶贫机制、建立绿色共享机制、完善社会参与机制、健全生态文化培育引导机制
6. 构建全过程的生态文明绩效考核和责任追究制度体系	进一步完善生态文明建设评价考核制度、探索编制自然资源资产负债表、开展领导干部自然资源资产离任审计、建立生态环境损害责任终身追究制度、加强生态文明考核与责任追究的统筹协调

专栏 5　贵州省国家生态文明试验区试点重点任务

重点任务	具体内容
1. 开展绿色屏障建设制度创新试验	健全空间规划体系和用途管制制度、开展自然资源统一确权登记、建立健全自然资源资产管理体制、健全山林保护制度、完善大气环境保护制度、健全水资源环境保护制度、完善土壤环境保护制度
2. 开展促进绿色发展制度创新试验	健全矿产资源绿色化开发机制、建立绿色发展引导机制、完善促进绿色发展市场机制、建立健全绿色金融制度
3. 开展生态脱贫制度创新试验	健全易地搬迁脱贫攻坚机制、完善生态建设脱贫攻坚机制、完善资产收益脱贫攻坚机制、完善农村环境基础设施建设机制
4. 开展生态文明大数据建设制度创新试验	建立生态文明大数据综合平台、建立生态文明大数据资源共享机制、创新生态文明大数据应用模式
5. 开展生态旅游发展制度创新试验	建立生态旅游开发保护统筹机制、建立生态旅游融合发展机制
6. 开展生态文明法治建设创新试验	加强生态环境保护地方性立法、实现生态环境保护司法机构全覆盖、完善生态环境保护行政执法体制、建立生态环境损害赔偿制度
7. 开展生态文明对外交流合作示范试验	健全生态文明贵阳国际论坛机制、建立生态文明国际合作机制、建立生态文明建设高端智库
8. 开展绿色绩效评价考核创新试验	建立绿色评价考核制度、开展自然资源资产负债表编制、开展领导干部自然资源资产离任审计、完善环境保护督察制度、完善生态文明建设责任追究制

专栏 6　海南省国家生态文明试验区试点重点任务

重点任务	具体内容
1. 构建国土空间开发保护制度	深化“多规合一”改革、推进绿色城镇化建设、大力推进美丽乡村建设、建立以国家公园为主体的自然保护地体系
2. 推动形成陆海统筹保护发展新格局	加强海洋环境资源保护、建立陆海统筹的生态环境治理机制、开展海洋生态系统碳汇试点
3. 建立完善生态环境质量巩固提升机制	持续保持优良空气质量、完善水资源生态环境保护制度、健全土壤生态环境保护制度、实施重要生态系统保护修复、加强环境基础设施建设
4. 建立健全生态环境和资源保护现代监管体系	建立具有地方特色的生态文明法治保障机制、改革完善生态环境资源监管体制、改革完善生态环境监管模式、建立健全生态安全管控机制、构建完善绿色发展导向的生态文明评价考核体系

（续表）

5. 创新探索生态产品价值实现机制	探索建立自然资源资产产权制度和有偿使用制度、推动生态农业提质增效、促进生态旅游转型升级和融合发展、开展生态建设脱贫攻坚、建立形式多元、绩效导向的生态保护补偿机制、建立绿色金融支持保障机制
6. 推动形成绿色生产生活方式	建设清洁能源岛、全面促进资源节约利用、加快推进产业绿色发展、推行绿色生活方式

件，减少对原生地理环境的破坏。沿河谷布设路线，减少对水系的影响；沿山脚布设路线，减少山体开挖破坏；以曲线路线避让自然保护区；在不可避免需穿越自然保护区和国家级保护动物栖息地时，提高桥隧比例，避开集中连片、整体性较强的保护区域。

（四）生态产品价值实现机制

优质生态产品是最普惠的民生福祉，是维系人类生存发展的必需品。生态产品价值实现的过程，就是将生态产品所蕴含的内在价值转化为经济效益、社会效益和生态效益的过程，具有典型的公共物品特征。生态产品价值实现的路径主要有三种方式。第一种是市场路径，通过市场配置和市场交易，实现可直接交易类生态产品的价值；第二种是政府路径，依靠财政转移支付、政府购买服务等方式实现生态产品价值；第三种是政府与市场混合型路径，通过法律或政府行政管控、给予政策支持等方式，培育交易主体，促进市场交易，进而实现生态产品的价值。

1. 浙江丽水：林权抵押贷款，绿色金融的“小高地”

（1）主要思路。为破解农村有效抵押物不足、贷款难问题，从 2006 年开始，人民银行丽水市中心支行在上级行指导和地方党委政府支持下，立足山区实际，将农村金融创新与农村产权制度改革有机结合，探索创新开展了林权抵押贷款工作，作为农村金融改革解决“三农需求大、融资难，城乡差距大、普惠难”两大两难问题的破冰之举，从零起步、从无到有，持续深入推进，形成了较为成熟的贷款模式，工作经验得到了广泛推广复制，成为生动“两山”金融实践样板。2009 年 4 月，人民银行总行联合国家林业局等 5 个部委专题在丽水召开全国金融支持集体林权改革和林业发展现场会，推广丽水经验。

（2）具体做法。一是协调夯实林权抵押制度基础。为确保林权抵押贷款有序推进，人民银行丽水市中心支行在工作推进中坚持制度先行，起草并通过提请市委、市政府出台、联合相关部门共同出台或自行出台等多种形式制定了一系列制度文件。二是大力推动政策保障机制建设。着力于建立市、县两级林权管理中心、森林资源收储中心（下设林权担保基金，为林权抵押贷款提供担保）、林权交易中心和森林资源调查评估机构的“三中心一机构”、风险分担机制以及财政配套机制。三是有效指导林业金融产品创新。为有效满足不同经营类型、不同资产状况的贷款主体的资金需求，2006 年开展贷款品种设计时，人民银行丽水市中心支行指导金融机构在全省首创了多品种林权抵押贷款产品，目前，全市已经形成了 7 类林权抵押贷款产品，最大程度实现了金融普惠。四是深入推进林业金融服务扩面增量。金融机构贷款投放渠道有效拓宽，参与积极性不断提高，林农生产资金得到有效满足。

（3）主要成效。有效盘活森林资源，满足农村经济发展资金需求，截至 2017 年年末，全市林权抵押贷款累计发放 205 亿元，余额 60.8 亿元，总量占全国十分之一、居浙江省第一，惠及林农 20 余万，增加了“三农”投入，促进农村繁荣、农业发展与农民增收。

2. 浙江庆元：发展珍贵树，蓄宝于山藏富于民

（1）主要思路。响应省委省政府“千万珍贵树木发展行动”和“新植 1 亿株珍贵树五年行动”，变“普通树种”造林为“珍贵树种”造林。珍贵树种具有材质好、寿命长、用途广、价值高的特点，珍贵木材家具、地板、工艺品等市场需求大幅攀升，是极具发展潜力的生态产业。珍贵树种单位面积效益是一般用材林的几十倍甚至上百倍，庆元县适合栽培的红豆树木材市场价格达 3 万元 /m^3，是普通杉、松木材价格的 30 倍，经济效益十分显著。庆元作为“中国生态环境第一县”，森林不仅是优越生态环境的重要支撑，也是全县百姓赖以生存的发展基础。发展珍贵树种能够获得较高的经济收益，发挥林地“倍数”效应，又能最大限度减少资源消耗，保护生态环境，是一项符合当地实际的林业生态产业。

（2）具体做法。一是珍贵树木，良种先行。庆元县以长坑国家珍贵树种良种基地为依托，广泛收集珍贵种质资源，先后8年从湖南、湖北、广东、广西、江西及云南、贵州、四川等10多个省份收集保育了闽楠、浙江润楠、红豆树、南方红豆杉、降香黄檀等珍贵树种57科662种，潜心研究现代育苗技术，大力开展浙江润楠、闽楠等乡土珍贵树种容器苗培育。二是政府主导，全民参与。坚持把发展珍贵树种造林作为“一把手”工程，健全工作机制，完善考核制度，形成统一领导、各方联动、条块结合、齐抓共管的工作格局。加强组织协调，完善县、乡、村三级联动体系，把珍贵树种发展与美丽林相、城市绿化、乡村美化相结合统筹谋划。三是长短结合，以短养长。针对市场上杉木中小径材销路不畅、价格低迷和大径材供不应求的现状，以全县杉木人工用材林改造为重点，选择立地条件优、长势好的林分，通过“砍小留大、砍密留疏、砍劣留优、分布均匀”的抚育间伐措施，保留30%的目的树，大力培育胸径26cm以上、材长2m以上的杉木大径材，积极探索大径材林中套种浙江润楠、闽楠等珍贵树种新模式，前期通过大径材培育、砍伐、销售获取效益，确保珍贵树种后期培育资金投入，实现短期效益与长远发展的双赢。四是突出重点，统筹推进。在珍贵树种发展中，明确以浙江润楠、闽楠等庆元本土楠属为培育重点，编制完成了《庆元中国楠木城建设总体规划》，把中国楠木城建设作为打造全域森林旅游、建设美丽大花园的重要内容加以推进。规划以老城区和屏都新区为城市绿地建设核心，通过楠木公园、楠木街道、楠木小区等建设，力争形成以楠木为主打树种的城市绿地新格局。以庆元大道为建设廊道，通过廊道两侧的楠木景观林建设，打造楠木景观大道。通过楠木森林公园、楠木风情村、楠木古道、楠木博物馆、野生楠木资源等特色区域打造，深度挖掘、合理再造楠木文化底蕴。

（3）主要成效。2012年以来，全县累计营造浙江润楠、闽楠、红豆杉等珍贵树种基地866hm²；结合木材战略储备林项目实施，培育杉木大径材基地3333hm²，亩均新增经济效益2000多元。坚持造林与造景并举，绿化与彩化同步，启动美丽林相改造工程，累计实施通道沿线林相改造 $900hm^2$、彩色健康森林 $505hm^2$。全县森林覆盖率 86.06%，继续保持全省第一，实现了“藏富于民、藏富于山”的目标。

3. 福建三明：探索林票和林业碳票制度

（1）主要思路。2019 年 11 月开始，三明市在全国率先开展以“合作经营、量化权益、自由流转、保底分红”为主要内容的林票制度改革试点，赋予林票具有交易、质押、兑现等权能，引导国有林场、林业龙头骨干企业与村集体经济组织及其成员采取现有林出让经营、委托经营，采伐迹地合资造林、林地入股等方式开展合作。2021 年 3 月开始，三明市探索构建林业碳票，采用“森林年净固碳量”作为碳中和目标下衡量森林碳汇能力的基础，开展碳汇计量评估监测，对符合条件的林业碳汇量签发林业碳票。跟林票一样，碳票也享有交易、质押、兑现等功能。

（2）具体做法。林票：一是明确概念，规范流程。三明市先后印发《三明市林票管理办法（试行）》《三明市林票管理办法（试行第二版）》《林票改革宣传提纲》《三明林票基本操作流程》等，规范操作程序。二是试点先行，模式多样。2019 年年底，先行在沙县、将乐、泰宁等 3 个县 6 个村开展改革试点，截至 2020 年 6 月，已在 10 县（市）87 个村推广林票改革试点。三是坚持自愿，依法操作。实行林票制度，双方合作经营的模式、收益分成比例、林票量化分配方案等，均须通过村民代表大会讨论决定。尤其是林票量化分配方案，必须按农村产权制度改革要求，将村集体收益部分按 3∶7 比例分配，30% 的林票归村集体所有，70% 的林票按人口均分。四是保底承诺，多方共赢。国有林场对本单位发行的林票进行兜底保证。若林票持有者拟退出合作经营投资，由国有林场按林票投资金额加上年利率为 3% 的合作经营年度单利，予以兜底回购。碳票：一是探索林业碳票。制定《三明林业碳票碳减排量计量方法》，出台《三明林业碳票管理办法（试行）》，发行林业碳票。二是抓强做优林票。开展林票标准化制发、林票市场化交易等工作，完善《三明市林票管理办法（第三版）》，推动设立海峡（三明）农村产权交易中心，实行企业化运营。

（3）取得成效。林票制度，通过股权的形式明确了林农的产权，有利于保障林农的承包权益，真正放活了经营权。林权流转起来，实现了林业规模化、集约化经营，同时让资源变资产、林农变股东。截止到 2023 年 8 月，三明市已在 11 县（市、区）356 个村试点，面积 1.61 万 hm^2，制发林票总额 5.8 亿元，惠及村民 1.96 万户、7.8 万人，带动试点村财政每年增收 5 万元以上，累计开发碳票碳减排量 98.8 万 t，实现交易 117.1 万元（中国自然资源报，2023；人民网，2023）。

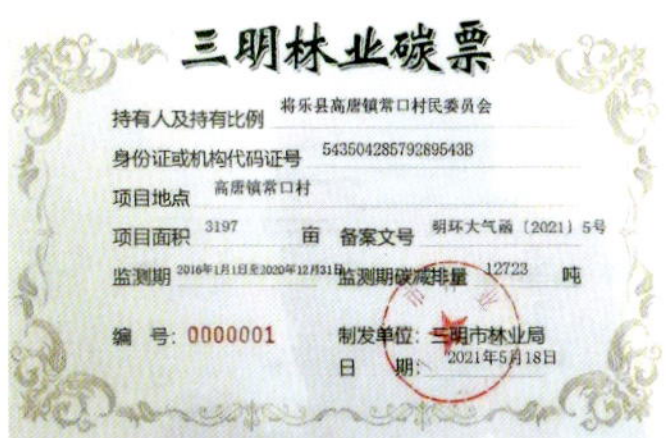
三明林业碳票

持有人及持有比例 将乐县高唐镇常口村民委员会
身份证或机构代码证号 54350428579289543B
项目地点 高唐镇常口村
项目面积 3197 亩 备案文号 明环大气函〔2021〕5号
监测期 2016年1月1日至2020年12月31日 监测期碳减排量 12723 吨
编 号：0000001
制发单位：三明市林业局
日 期：2021年5月18日

三明市林票、林业碳票

4. 福建三明：全域森林康养

（1）主要思路。2019 年三明市委、市政府提出发展全域森林康养产业，总体上坚持“三不原则”，即不搞大拆大建，充分利用国有林场老场部和旧工区、农村闲置房和闲置地、可改造提升的旅游场所等 3 类基础设施，植入康养元素改造提升，最大幅度降低投资成本；不一哄而上，试点先行，不搞遍地开花式的发展；不追求高大上，注重多层次发展，主体定位在大众化消费水平，不搞高大上建设。

（2）具体做法。在品牌宣传方面，三明市对“中国绿都 · 最氧三明”普通商标、集体商标进行策划、注册，请北京林业大学等权威机构进行品牌论证，开展森林康养基地 Logo 和宣传海报设计。在培育多样化特色森林康养产品方面，以“森林 +”为主线，因地制宜打造多层次、多种类的森林康养特色产品。比如：大田桃源睡眠小镇，打造“森林 + 医养结合”特色产品；明溪旦上森林康养基地，依托“千年鸟道”资源，打造“森林 + 观鸟休闲”特色产品；清流天芳悦潭森林康养基地，依托富锗温泉，打造“森林 + 温泉休闲”特色产品，同时，还注重乡土药膳产品开发。

（3）主要成效。三明市发挥“林深水美人长寿”的独特优势，全力推进全域森林康养产业发展，累计有国家森林康养基地 2 个、全国森林康养基地试点建设单位 29 个，省级森林康养基地 8 个，市级森林康养基地 14 个。2021 年全市森林康养基地消费人数达 31.3 万人次，实现营业额 15.8 亿元、税收 2.8 亿元。

（五）生态系统保护修复

生态修复是以自然生态系统修复为主，必要时辅以人工措施以促进自然演替的过程，让受损的生态系统尽可能恢复到某一参照状态，亦称生态恢复。生态修复方法包括保育保护、自然恢复、辅助修复、生态重塑等。

2016 年以来，财政部、国土资源部、环境保护部以“山水林田湖草是一个生命共同体”系统思想为指导，共同组织实施了 3 批山水林田湖草生态保护修复工程试点，先后在全国 24 个省（自治区、直辖市）选取 25 个关系国家生态安全的重点区域，打破行政区划和部门界限，探索以提升生态系统服务功能为导向的山水林田湖草系统保护修复的一体化治理路径。

2020 年 6 月，国家发展改革委、自然资源部联合印发《全国重要生态系统保护和修复重大工程总体规划（2021—2035 年）》，这是国家层面出台的第一个生态保护和修复领域综合性规划，整合了山、水、林、田、湖、草以及海洋等全部自然生态系统保护和修复工作。

1. 塞罕坝机械林场：治沙止漠 筑牢绿色生态屏障

（1）原有状况。塞罕坝机械林场于 1962 年建立，位于河北省最北部，地处内蒙古浑善达克沙漠的南端，土壤受风蚀或水蚀危害较重，属于土地沙化敏感地区，是风沙进入京津地区的重要通道。林场海拔 1010~1940m，是滦河、辽河两大水系的重要发源地之一。历史上，塞罕坝曾是森林茂密、古木参天、水草丰沛的皇家猎苑，属“木兰围场”的一部分。由于清末实行开围募民、垦荒伐木，加之连年战火，到新中国成立初期，塞罕坝已经退化为“飞鸟无栖树，黄沙遮天日”的高原荒丘，由于塞罕坝机械林场与北京直线距离仅 180km，平均海拔相差 1500m，塞罕坝及周边的浑善达克沙漠成为京津地区主要的沙尘起源地和风沙通道。

（2）具体做法。一是科学育苗，奠定大规模造林基础。基于经验积累，塞罕坝机械林场充分认识到使用乡土苗木造林的极端重要性，摸索总结了高寒地区全光育苗技术，培育了落叶松、樟子松和云杉等“大胡子、矮胖子”优质壮苗，为全场开展大规模造林绿化奠定了坚实基础。二是克难攻坚，大规模开展造林绿化。坚持尊重自然规律，依靠科学技术，攻克造林技术难关，探索创造了“三锹半人工缝隙植苗法”“苗根蘸浆保水法”等技术。近年来，为进一步增林扩绿，针对困难立地又探索出苗木选择与运输、整地客土、幼苗保墒、防寒越冬等一整套的造林技术，进一步提升造林成效。三是科学营林，不断提升森林质量。从自然保护、经营利用和观赏游憩三大功能一体化经营出发，采取疏伐、定向目标伐、块状皆伐、引阔入针等作业方式，营造樟子松、云杉块状混交林和培育复层异龄混交林，在调整资源结构、低密度培育大径材、实现林苗一体化经营的同时，促进林下灌、草生长，全面发挥人工林的经济和生态双重效能，提升森林质量。四是加强资源保护，巩固生态文明建设成果。林场建立了完备的管理体系，建成森林资源管护平台，实施了火灾预警监测系统、生态安全隔离网、防火隔离带阻隔网三大防护举措，形成了地面巡护、人工瞭望和视频雷达监控组成的全天候、全方位、立体火情监控体系。

（3）主要成效。一是生态效益。与建场初期相比，林场有林地面积由 1.6 万 hm^2 增加到 7.67 万 hm^2，林木蓄积量由 33 万 m^3 增加到 1036.8 万 m^3，森林覆盖率由 11.4% 提高到 82%；近 10 年与建场初期 10 年相比，年均大风日数由 83 天减少到 53 天，年均降水量由不足 410mm 增加到 479mm。空气负离子最大含量是北京市市区最大量的 112 倍，平均含量是北京市区的 6 倍。二是经济效益。林场依托百万亩森林资源积极发展生态旅游、绿化苗木、林业碳汇等绿色生态产业，实现良性循环发展，形成木材生产、森林旅游、种苗花卉三大支柱产业，年实现经营收入超 0.5 亿元。建场以来，累计向财政上缴利税超过 0.5 亿元，为社会提供造林绿化苗木 2 亿多株，为当地群众提供劳务收入超 1.5 亿元，有力地拉动了地方经济的增长。每年带动当地实现社会总收入超过 6 亿元，带动 1200 余户贫困户、1 万余贫困人口脱贫致富。三是社会效益。建场以来，林场不仅获得“全国国有林场建设标兵”“全国绿化先进集体”“时代楷模”“地球卫士奖”“全国脱贫攻坚楷模”等，而且被确定为“全国爱国主义教育基地”、“绿水青山就是金山银山”实践创新基地等。依托教育基地，建设了塞罕坝展览馆、尚海纪念林、防沙治沙示范区等现场教学点，与清华大学、北京大学等高校联合开展科研活动，集教、学、研、展为一体，全方位开展生态环境研究、教育和培训。自 2017 年以来，接待了来自全国各个地区、各个部门 30 余万人次接受生态环境教育，有效扩大了生态文明建设宣传覆盖面，彰显了生态文明建设的时代价值。

塞罕坝机械林场尚海纪念林

2. 福建长汀：水土流失治理“长汀经验”

（1）原有状况。福建省龙岩市长汀县地处闽西山区，曾经是我国南方红壤区水土流失最严重的县份之一。据 1985 年卫星遥感普查，长汀水土流失面积达 9.7 万 hm^2，占全县国土面积的 31.5%，涉及河田、三洲、策武等 7 个乡镇，“山光、水浊、田瘦、人穷”是当时长汀的真实写照。

（2）具体做法。一是实行专项资金县级层面整合。出台《长汀县水土流失精准治理深层治理专项资金管理办法》，实行水土流失治理资金“大专项 + 任务清单”管理模式，按“用途不变、渠道不乱、捆绑使用、各记其功”的原则，有效整合流域治理、林业生态建设、矿山整治、乡村振兴等项目资金向水土流失重点区域倾斜，建立“多个渠道引水，一个龙头放水”的治理新格局。二是创新实行公司化运作机制。长汀成立国有专业生态治理公司，委托县古韵汀州公司、林业发展公司作为项目业主，实行项目统一管理、统一设计、统一组织，实现专业化治理。三是开展多样化精准治理。对抵御自然灾害能力较弱存在生态安全风险的林地，进行树种结构调整和补植修复，实施阔叶化造林；对果园按照“山顶戴帽、山脚穿鞋、中间系带”的思路恢复地带性植被；对开发建设造成的水土流失，开展“春节回家种棵树”“我为长汀水土流失精深治理种棵树”等活动，鼓励群众拿起手机扫描活动二维码进行捐资，由线下专业队伍前往长汀植树造林，广泛发动社会力量参与水土流失治理。四是致力多类型“专治”示范。强化示范引领作用，着力打造精品工程，分类型分部门建立示范点，形成了“一线两村四园多点”示范线路，为水土流失治理提供生态样本。“一线”就是把近年来的治理点串联起来，形成践行习近平生态文明思想展示线路；“两村”就是重点打造水保示范村－伯湖村和林业示范村－露湖村；“四园”就是打造策武银杏公园、水土保持科教园、汀江国家湿地公园、马兰山金融生态示范林，从不同角度展示治理成果；多点就是打造水土流失重点区治理、迹地更新治理、土壤改良、森林质量提升、马尾松优化改造、废弃矿山治理、果茶园治理等不同类型治理示范点。

（3）取得成效。2017 年 9 月，长汀县获评首批国家生态文明建设示范县和第一批“绿水青山就是金山银山”实践创新基地。一是生态治理见成效。1985 年以来，全县累计减少水土流失面积 7.5 万 hm^2，水土流失率从 1985 年的 31.5% 下降到 2020 年的 6.78%，森林覆盖率从 58.4% 提高到 2020 年的 80.3%，湿地面积达 3513hm^2，国、省控断面水质和饮用水源地水质达标率均为 100%。实现了从浊水荒山向绿水青山再到金山银山的历史性转变，长汀从过去百万亩的“火焰山”变成了绿满山、果飘香。二是生物恢复多样化。随着生态环境的改善，水土流失区的生物多样性得到恢复，维管束植物从 20 世纪 80 年代 110 种增加到现在 340 种，茂密的植被涵养了水源，也为各种野生动物提供了栖息地和庇护所，鸟类从不到 100 种恢复到 306 种，消失多年的白颈长尾雉、黄腹角雉、苏门羚、豹猫等珍稀濒危野生动物也纷纷重新回到山林。三是绿色产业促发展。充分发挥绿色生态优势，大力发展生态旅游、健康养老、林下经济等产业，激发更多生态“溢出效应”。2019 年，全县重点生态景区年接待游客人数达 441.23 万人次，旅游年收入 48.98 亿元；建成一批以林禽、林花、林药、林菌为主要品种的林下经济种养示范基地，其中河田镇因河田鸡被列为国家农业产业强镇；全县林下经济利用面积达 12 万 hm^2，参与林农户数 2.15 万户，年产值 28 亿元以上；农民人均可支配收入从 2012 年的 8185 元提高到 2020 年的 18149 元。

（六）新征程省域生态建设行动

1. 福建：深化生态省建设　打造美丽福建行动

2022 年 10 月，围绕党的十九大提出的 2035 年基本实现美丽中国目标，福建省人民政府印发《关于深化生态省建设打造美丽福建行动纲要（2021—2035 年）的通知》（闽政〔2022〕26 号）（福建省人民政府网，2022）。

（1）战略定位。践行习近平生态文明思想的国际展示窗口，全面实现绿色低碳循环发展的先行标杆，探索生态产品价值实现机制的省域样板，海峡两岸绿色深度融合发展的实践典范，新时期生态文明制度改革创新行动先锋。

（2）目标愿景。在奋力谱写全面建设社会主义现代化国家福建篇章的新征程上，持续深化生态省建设，接续推进高颜值高素质美丽福建建设，努力把“机制活、产业优、百姓富、生态美”新福建宏伟蓝图变成美好现实，成就“清新福建、人间福地”的美丽愿景。整个目标愿景分三个阶段实施。

2021—2025 年，目标是美丽中国示范省建设取得重大进展。包括以生态环境高水平保护促进经济高质量发展取得新成效，节能减排保持全国先进水平，生态环境质量继续稳定优良，在全方位推进高质量发展上迈出重要步伐。

2026—2030 年，目标是美丽中国示范省基本建成。美丽中国建设的各项省域指标稳中有进，为中国落实联合国 2030 年可持续发展议程做出福建贡献。

2031—2035 年，目标是美丽中国示范省全面建成。生态文明建设在更高水平、更深层次、更宽领域融入福建经济社会发展的各方面与全过程，绿色繁荣、和谐共生的现代化全面呈现。

（3）建设内容。行动纲要提出的建设内容主要有六个方面。一是塑造宜居宜业的美丽城市、美在山水相融有聚力。包括绘就清新蓝怡人绿的高颜值图景、构建两大协同区绿色低碳幸福圈、建设安全韧性的气候适应型城市。二是绘就业兴绿盈的美丽乡村、美在诗画田园有活力。包括打造土净田洁的绿色家园、塑造恬静舒适的乡村新貌、融合茶文农旅的富民产业。三是打造水清岸绿的美丽河湖、美在景秀文兴有生力。包括呵护水盈河畅的纵横水系、畅通生生不息的碧水廊道、营造鱼跃人欢的亲水空间。四是建设人海和谐的美丽海湾、美在滩净海碧有魅力。包括实施陆海统筹的一体化防治、维护鸥鹭翔集的自然海岸线、打造亲海乐海的滨海风光带。五是发展集约循环的美丽园区、美在低碳智慧有动力。包括集聚现代产业抢占绿色先机、加快低碳变革激发绿色动能、普及数字信息赋能绿色转型。六是筑牢巩固福建生态文明建设优势。包括夯实魅力国土空间基底、发展壮大绿色低碳产业、守牢生态环境安全底线、彰显生态海丝文化内涵、深化现代环境治理改革。

2. 浙江：建设高质量森林浙江　打造林业现代化先行省

2021 年 6 月，国务院发布的《关于支持浙江高质量发展建设共同富裕示范区的意见》提出高水平建设美丽浙江，绘好新时代“富春山居图”。为进一步发挥林业在实现共同富裕的示范建设中的作用，2021 年 12 月，浙江省委、省政府印发《关于建设高质量森林浙江 打造林业现代化先行省的意见》（浙江省林业局网，2022）。

（1）总体要求。提出建设高质量森林浙江、打造林业现代化先行省的战略目标，明确深化生态、富民、人文三大林业建设，形成因林而美、因林而兴、因林而富、因林而文等四大图景，以及七大关键指标等总体设计。

（2）实现路径。坚持系统观念，创新思维，改革破题，提出了六个方面要求，即：高标准夯实生态基底，不断厚植绿水青山新优势；高水平推进国土绿化，加快谱写美丽浙江新篇章；高效益发展富民林业，积极拓宽共同富裕新通道；高品位弘扬生态文化，全力塑造生态文明新风尚；高质量推进数字化改革，深入激发林业发展新动能；高效率推动科技强林，着力打造创新策源新高地。

（3）保障体系。着重强调加强党的全面领导，从林长制、法治、资金、队伍这四方面对林业发展给予政策支持，完善保障体系。

3. 广西：推进新时代林业高质量发展

2022 年 5 月，中共广西壮族自治区委员会、广西壮族自治区人民政府印发《关于推进新时代林业高质量发展的意见》（广西政协网，2022）。

（1）指导思想。坚持以高质量发展为主线，践行“绿水青山就是金山银山”理念，完整准确全面贯彻新发展理念，统筹推进林业生态环境高水平保护、林业生态经济高质量发展、林区群众生活高品质提升，加快建设森林生态美、林业产业强、林区群众富、生态文化兴、治理能力优的现代林业强区，凝心聚力建设新时代中国特色社会主义壮美广西。

（2）发展目标。坚持“政策为大、项目为王、环境为本、创新为要”，高质量建设林业生态功能优势区、优质林业资源富集区、现代林业产业示范区、林业改革开放促进区、乡村振兴林业先行区。

到 2025 年，林草生态系统质量和稳定性全面提升，广西现代林业产业示范区成为全国林业创新绿色发展标杆。

到 2035 年，基本形成稳定、健康、优质、高效的森林草原生态系统，林业一、二、三产业深度融合，服务碳达峰、碳中和能力显著增强，森林草原生态功能、林业产业发展质量居全国前列，基本实现林业治理体系和治理能力现代化，成为生态文明建设强区和现代林业强区。

（3）主要任务。一是筑牢南方生态安全屏障。包括加强重点区域生态保护修复、加强自然保护地体系建设、精准实施国土科学绿化、加强林业草原资源监管、提升林业固碳增汇能力。二是加快林业一、二、三产业融合发展。包括深入实施现代林草种业振兴行动、木本油料产业提质增量行动、林下经济产业提产增收行动、木竹材加工产业提档升级行动、林化医药产业提量增容行动、生态康养旅游提点扩面行动。三是推动乡村林业全面振兴。包括推动乡村林业增产增收、培育乡村林业技术人才、提升乡村生态宜居环境。四是深化重点领域改革开放。包括激发林业改革发展活力、扩大林业对外开放合作。五是深入实施创新驱动战略。包括实施林业重大科技攻关、加强林业科技人才培养。

第二章

绿美广东引领林业现代化推动实现人与自然和谐共生现代化

第一节　战略思想

坚持以习近平新时代中国特色社会主义思想为指导，全面贯彻党的二十大精神，深入贯彻习近平总书记对广东系列重要讲话、重要指示精神，特别是“在推进中国式现代化建设中走在前列”最新要求，贯彻落实省委十三届二次、三次全会精神和“1310”具体部署，立足新发展阶段，贯彻新发展理念，以高质量发展为首要任务，以绿美广东生态建设为引领，深化改革创新，全方位、全地域、全过程加强林业生态建设，率先实现林业现代化，打造人与自然和谐共生的绿美广东样板，为广东在全面建设社会主义现代化国家新征程中走在全国前列提供良好生态支撑。

第二节　战略定位

一、践行习近平生态文明思想的示范和窗口

坚决扛起习近平总书记赋予广东“走在前列”的担当作为，突出绿美广东引领，大兴爱绿植绿护绿之风，弘扬森林生态文化，培育生态文明行动自觉，不断总结提升生态文明建设的理论创新成果和鲜活实践成果，推动广东生态文明建设走在全国前列，把绿美广东打造成为践行习近平生态文明思想的示范和窗口。

二、高质量绿色发展的先行标杆

贯彻新发展理念，挖掘绿色发展新动能，创新绿色发展模式，提升生态底色、丰富生态产品、优化人居环境、繁荣生态经济，将生态优势转化为发展优势，推进生态优先、节约集约、绿色低碳发展，把绿美广东打造成为高质量绿色发展的先行标杆。

三、人与自然和谐共生现代化的中国典范

抓住粤港澳大湾区和深圳中国特色社会主义先行示范区战略机遇，建设湾区世界级森林城市、湿地城市，强化互联互通，提高湾区生态承载力，提升城市发展能级，促进生产空间集约高效、生活空间宜居适度、生态空间山清水秀，把绿美广东打造成为人与自然和谐共生现代化的中国典范。

第三节　战略原则

一、锚定走在前列、统领发展

聚焦全省发展总定位总目标，明确新时代广东林业发展使命任务、战略定位，谋划林业现代化发展路径、举措，固优势、补短板、强弱项，筑牢全省高质量发展生态根基，提升林业现代化治理效能，推动广东林业率先实现现代化。

二、坚持尊重自然、和谐共生

坚持节约优先、保护优先、自然恢复为主的方针，坚持尊重自然、顺应自然、保护自然，站在人与自然和谐共生的高度谋求发展，坚定不移走生产发展、生活富裕、生态良好的文明发展道路，推进生态优先、节约集约、绿色低碳发展，将生态优势转变为发展优势。

三、坚持陆海统筹、协同治理

遵循自然规律，统筹各类自然生态系统和生态系统各要素，统筹山水林田湖草沙系统治理，分区分类施策，推动全省林业“核、带、区”协同发展，推动林业生态与林业产业协同发展，推动生态建设与经济发展协同共进。

四、坚持生态惠民、共建共享

坚持以人民为中心的发展思想，通过绿美广东生态建设，有效增加高质量林业生态产品的供给，拓展“绿水青山就是金山银山”的转化路径，推动生态产品价值实现，促进乡村振兴，推动生态服务均等化、普惠化，不断满足人民日益增长的优美生态环境需要，做到以林兴农、以林富民、惠泽民生。

五、坚持守正创新、改革驱动

把新发展理念贯穿林业现代化发展全过程，深化体制机制改革，激发发展活力；深化科技创新，增强发展动力；着力构建林业发展新格局，转变林业发展方式，集群聚集，推动实现高质量发展。

第四节　战略目标

一、到2027年，绿美广东引领林业现代化建设取得积极进展

到 2027 年，绿美广东生态建设取得积极进展，森林结构明显改善，森林质量持续提高，生物多样性得到有效保护，城乡绿美环境显著优化，筑牢全省高质量发展生态根基，率先建成国家公园、国家植物园“双园”之省，推动全域森林城市建设、以国家公园为主体的自然保护地体系建设、国际一流生态湾区建设、高质量林业生态产品有效供给走在全国前列，广东林业现代化建设取得积极进展。

二、到2035年，率先基本实现林业现代化

到 2035 年，山水林田湖草生态功能稳定，自然生态系统多样性、稳定

性和持续性显著增强，优质生态产品供给能力极大提升，森林固碳中和功能更加突出，地带性森林植被成为南粤秀美山川的鲜明底色，天蓝、地绿、水清、景美的生态画卷成为广东亮丽名片，南粤秀美山川更美，绿美生态成为普惠的民生福祉，率先基本实现林业现代化，为广东实现在全面建设社会主义现代化国家新征程中走在全国前列、创造新的辉煌提供良好生态支撑。

三、到2050年，率先全面实现林业现代化

到 2050 年，森林可持续经营进入世界先进行列，以国家公园为主体的自然保护地体系建设和管理达到世界先进水平，自然生态系统功能稳定高效，林业应对气候变化能力显著，生态产品优美丰富，生物多样性多姿多彩，率先全面实现林业现代化，生态文明成为行动自觉，呈现山清水秀、鸟语花香、万物和融、美美与共的美丽画卷，建成人与自然和谐共生现代化广东，推动率先全面实现中国式现代化。

第五节　发展格局

根据省委、省政府提出的“一核一带一区”区域发展格局，立足林业资源禀赋和经济社会发展需求，构建珠三角现代化美丽湾区、沿海生态经济带、北部生态保育区的林业现代化发展格局。

一、和谐共生的现代化美丽湾区

包括广州、深圳、珠海、佛山、东莞、中山、江门、惠州和肇庆 9 市。大力提升城市生态能级，率先实现林业现代化，建设和谐共生的现代化美丽湾区，成为人与自然和谐共生现代化的国际展示窗口。

二、协同发展的沿海生态经济带

包括珠三角沿海地区的广州、深圳、珠海、惠州、东莞、中山和江门 7 市；东翼的汕头、汕尾、揭阳和潮州 4 市；西翼的湛江、茂名和阳江 3 市。持续提升沿海生态修复水平，提高生态防护功能，实现生态治理与经济发展协同共进，建设协同发展的沿海生态经济带，为全省经济发展主战场保驾护航。

三、多样永续的北部生态保育区

包括韶关、河源、梅州、清远和云浮 5 市。持续提升粤北生态系统质量，筑牢生态安全屏障，生态保育为本，“两山”转化协同，实现生态保育和“两山”转化融合发展，建设多样永续的北部生态保育区。

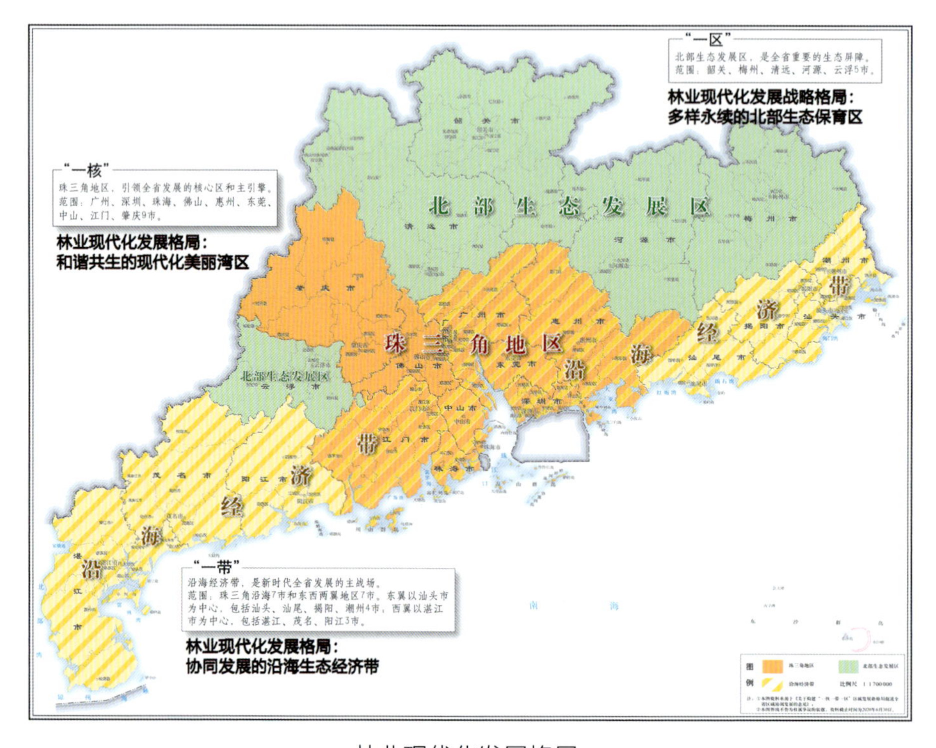

林业现代化发展格局

第六节　战略路径

紧扣国家发展战略，锚定“走在前列”总目标，围绕“一核一带一区”区域发展格局，深入推进绿美广东生态建设，实施八大发展战略，建设和谐共生的现代化美丽湾区、协同发展的沿海生态经济带、多样永续的北部生态保育区，率先实现高水平保护、高品质生态、高活力产业、高品位文化、高效能治理的林业现代化，推动实现人与自然和谐共生的现代化。

高水平保护。林长制到林长治，建成空天地一体的智能资源管护网络体系，实现山有人管、林有人护、水有人守，呈现鸟语花香、万鋆鸟鸣、生机盎然、万物和谐的生动画卷。

高品质生态。森林、湿地生态系统持续稳定，青山绿水、鱼翔浅底、推窗见绿、出门见景、城林相依、林水相融，呈现天蓝、地绿、水清、景美的生态画卷。

高活力产业。一、二、三产业深度融合发展、特色优势产业集群集聚、规模优质企业蓬勃发展、优美生态产品充盈丰富，呈现生态美、产业兴、百姓富的活力画卷。

高品位文化。森林湿地生态文化丰富多彩、百花齐放，彰显岭南底蕴，以文化人，绿色生产生活方式成为行动自觉，人人爱绿护绿，生态文明成为时代新风尚。

高效能治理。制度体系完善、机构队伍高效、管理手段智能，林业治理实现法治化、智慧化、现代化，为实现林业现代化提供坚实保障。

专栏 7　广东省区域发展新格局

1.“一核”：珠三角地区。包括广州、深圳、珠海、佛山、惠州、东莞、中山、江门、肇庆 9 市。功能定位为引领全省发展的核心区和主引擎。发展方向对标建设世界级城市群，推进区域深度一体化，加快推动珠江口东西两岸融合互动发展，携手港澳共建粤港澳大湾区，打造国际科技创新中心，建设具有全球竞争力的现代化经济体系，培育世界级先进制造业集群，构建全面开放新格局，率先实现高质量发展，辐射带动东西两翼地区和北部生态发展区加快发展。

2.“一带”：沿海经济带。包括珠三角沿海地区的广州、深圳、珠海、惠州、东莞、中山、江门7市；东翼的汕头、汕尾、揭阳、潮州4市；西翼的湛江、茂名、阳江3市。功能定位为新时代全省发展的主战场。珠三角沿海地区发展方向同“一核”；东西两翼发展方向是推进汕潮揭城市群和湛茂阳都市区加快发展，强化基础设施建设和临港产业布局，疏通联系东西、连接省外的交通大通道，拓展国际航空和海运航线，对接海西经济区、海南自由贸易港和北部湾城市群，把东西两翼地区打造成全省新的增长极，与珠三角沿海地区串珠成链，共同打造世界级沿海经济带，加强海洋生态保护，构建沿海生态屏障。

3.“一区”：北部生态发展区。包括韶关、梅州、河源、清远、云浮5市。功能定位为全省重要的生态屏障。发展方向以保护和修复生态环境、提供生态产品为首要任务，严格控制开发强度，大力强化生态保护和建设，构建和巩固北部生态屏障。合理引导常住人口向珠三角和区域城市及城镇转移，允许区域内地级市城区、县城以及各类省级以上区域重大发展平台和开发区（含高新区、产业转移工业园区）点状集聚开发，发展与生态功能相适应的生态型产业，在确保生态安全前提下实现绿色发展。

资料来源：2019年7月，省委、省政府印发的《关于构建“一核一带一区”区域发展新格局促进全省区域协调发展的意见》（广东省人民政府网，2019）。

第三章

提升城市生态能级 建设和谐共生的现代化美丽湾区

建设粤港澳大湾区和支持深圳建设中国特色社会主义先行示范区，是习近平总书记亲自谋划、亲自部署、亲自推动的重大国家战略，《粤港澳大湾区发展规划纲要》提出建设美丽湾区，着力提升生态环境质量。提升城市生态能级，推动粤港澳大湾区世界级森林城市和湿地城市建设，高品质建设华南国家植物园和深圳国际红树林中心，优化城市群内部“通山达海”生态空间，打造天更蓝、山更绿、水更清、环境更优美的人居环境，让城市万物各得其和以生，各得其养以成，率先实现林业现代化，推动建设现代化美丽湾区，成为人与自然和谐共生现代化的国际展示窗口。

第一节　战略依据

一、粤港澳大湾区国家重大战略

2017 年 7 月 1 日，在习近平总书记亲自见证下，《深化粤港澳合作 推进大湾区建设框架协议》由国家发展改革委和粤港澳三地政府在香港签署，标志着粤港澳大湾区建设正式启动。2017 年 10 月 18 日，党的第十九大报告明确提出，香港、澳门发展同内地发展紧密相连，要支持香港、澳门融入国家发展大局，以粤港澳大湾区建设、粤港澳合作、泛珠三角区域合作等为重点，全面推进内地同香港、澳门互利合作，制定完善便利香港、澳门居民在内地发展的政策措施。

2019 年 2 月，中共中央、国务院印发的《粤港澳大湾区发展规划纲要》，提出要建设富有活力和国际竞争力的一流湾区和世界级城市群。关于推进生态文明建设，提出打造生态防护屏障，实施重要生态系统保护和修复重大工程，构建生态廊道和生物多样性保护网络，提升生态系统质量和稳定性。划定并严守生态保护红线，强化自然生态空间用途管制。加强珠三角周边山地、丘陵及森林生态系统保护，建设北部连绵山体森林生态屏障。推进“蓝色海湾”整治行动、保护沿海红树林，建设沿海生态带。加强粤港澳生态环境保护合作，共同改善生态环境系统。加强湿地保护修复，全面保护区域内国际和国家重要湿地，开展滨海湿地跨境联合保护。创新绿色低碳发展模式。推动大湾区开展绿色低碳发展评价，力争碳排放早日达峰，建设绿色发展示范区（中国政府网，2019）。

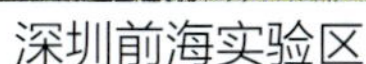
深圳前海实验区

广州天河 CBD

港珠澳大桥

2019 年 7 月，广东省委、省政府印发《关于贯彻落实粤港澳大湾区发展规划纲要的实施意见》，提出筑牢生态防护屏障，实施重要生态保护和修复重大工程，统筹山水林田湖草系统治理，构建生态廊道和生物多样性保护网络。加强珠三角周边山地、丘陵及森林生态系统保护，加快建成珠三角国家森林城市群。实施濒危野生动植物保护工程，加强珍稀濒危动植物及其栖息地的保护。推进珠三角绿色生态水网建设，建立湿地保护分级体系，加快建设一批湿地公园。强化近岸海域和海岛生态系统保护与修复，推进重要海洋自然保护区及水产种质资源保护区建设与管理，加强滨海湿地、河口海湾、红树林、珊瑚礁等重要生态系统保护，携手港澳开展滨海湿地跨境联合保护，建设粤港澳大湾区水鸟生态廊道。

二、深圳建设中国特色社会主义先行示范区

2019 年 8 月，中共中央、国务院印发《关于支持深圳建设中国特色社会主义先行示范区的意见》（以下简称《意见》），明确支持深圳高举新时代改革开放旗帜、建设中国特色社会主义先行示范区，有利于在更高起点、更高层次、更高目标上推进改革开放，形成全面深化改革、全面扩大开放新格局；有利于更好实施粤港澳大湾区战略，丰富“一国两制”事业发展新实践；有利于率先探索全面建设社会主义现代化强国新路径，为实现中华民族伟大复兴的中国梦提供有力支撑（中国政府网，2019）。

深圳莲花山公园邓小平雕像

深圳前海石公园

莲花山顶眺望深圳市民中心

《意见》提出率先打造人与自然和谐共生的美丽中国典范。一是完善生态文明制度。落实生态环境保护“党政同责、一岗双责”，实行最严格的生态环境保护制度，加强生态环境监管执法，对违法行为“零容忍”。构建以绿色发展为导向的生态文明评价考核体系，探索实施生态系统服务价值核算制度。完善环境信用评价、信息强制性披露等生态环境保护政策，健全环境公益诉讼制度。深化自然资源管理制度改革，创新高度城市化地区耕地和永久基本农田保护利用模式。二是构建城市绿色发展新格局。坚持生态优先，加强陆海统筹，严守生态红线，保护自然岸线。实施重要生态系统保护和修复重大工程，强化区域生态环境联防共治，推进重点海域污染物排海总量控制试点。提升城市灾害防御能力，加强粤港澳大湾区应急管理合作。加快建立绿色低碳循环发展的经济体系，构建以市场为导向的绿色技术创新体系，大力发展绿色产业，促进绿色消费，发展绿色金融。继续实施能源消耗总量和强度双控行动，率先建成节水型城市。

第二节　战略现状

一、土地面积

粤港澳大湾区包括香港特别行政区、澳门特别行政区和广东省广州、深圳、珠海、佛山、惠州、东莞、中山、江门、肇庆，总面积 5.59 万 km^2。

粤港澳大湾区国土面积统计（2021 年）

序号	统计单位	国土面积（km^2）
	合 计	55912.81
1	香港	1113.80
2	澳门	33.00
3	广州	7238.46
4	深圳	1986.41

（续表）

序号	统计单位	国土面积（km^2）
5	珠海	1725.00
6	佛山	3797.79
7	惠州	11350.36
8	东莞	2460.38
9	中山	1780.99
10	江门	9535.19
11	肇庆	14891.43

数据来源：《广东省统计年鉴（2022）》。

二、社会经济

粤港澳大湾区是我国开放程度最高、经济活力最强的区域之一。2021年，珠三角9市地区生产总值10.06万亿元，占全省地区生产总值12.44万亿元的80.88%，香港地区生产总值2.86万亿元、澳门地区生产总值0.24万亿元，粤港澳大湾区地区生产总值占全国地区生产总值（含港澳）117.47万亿的11.20%。

珠三角年末常住人口7860.60万人，占全省年末常住人口12684万人的61.97%。香港年末人口740.31万人、澳门年末人口68.32万人，粤港澳大湾区年末常住人口8669.23万人，占全国年末人口（含港澳）142068.63万人的6.10%。

粤港澳大湾区社会经济主要指标统计（2021年）

序号	统计单位	地区生产总值（亿元）	人均地区生产总值（元）	年末人口（万人）	人口密度（人/km^2）
合计		131595.26	152015	8669.23	1550
1	香港	28616.00	386022	740.31	6647
2	澳门	2394.00	350445	68.32	20703
3	广州	28231.97	150366	1881.06	2599

（续表）

序号	统计单位	地区生产总值（亿元）	人均地区生产总值（元）	年末人口（万人）	人口密度（人/km²）
4	深圳	30664.85	173663	1768.16	8901
5	珠海	3881.75	157914	246.67	1430
6	佛山	12156.54	127085	961.26	2531
7	惠州	4977.36	82113	606.60	534
8	东莞	10855.35	103284	1053.68	4283
9	中山	3566.17	80157	446.69	2508
10	江门	3601.28	74722	483.51	507
11	肇庆	2649.99	64269	412.97	277

数据来源：《广东省统计年鉴（2022）》《中国统计年鉴（2022）》。

三、自然资源

（一）林地资源

粤港澳大湾区林地面积 274.6 万 hm²，占国土面积 49.1%；森林面积 285.5 万 hm²。

粤港澳大湾区 2020 年林地、森林面积统计

序号	统计单位	林地面积（万 hm²）	森林面积（万 hm²）	森林覆盖率（%）
合计		274.6	285.5	-
1	香港	2.9	2.8	25.50
2	澳门	0.1	0.1	30.00
3	广州	28.25	29.6	40.91
4	深圳	6.66	7.8	39.20
5	珠海	4.53	5.5	31.96
6	佛山	6.39	8.1	21.33

（续表）

序号	统计单位	林地面积（万 hm^2）	森林面积（万 hm^2）	森林覆盖率（%）
7	惠州	68.54	70.0	61.67
8	东莞	5.28	8.8	35.85
9	中山	2.85	4.1	23.14
10	江门	42.85	43.2	45.31
11	肇庆	106.25	105.5	70.87

（二）湿地资源

1. 湿地概况

根据国土三调地类标准，粤港澳大湾区湿地总面积 4.08 万 hm^2，其中沼泽地 0.04 万 hm^2，沿海滩涂 3.0 万 hm^2，内陆滩涂 0.72 万 hm^2，红树林地 0.32 万 hm^2。内陆水域 46.03 万 hm^2。

粤港澳大湾区湿地面积统计

单位：hm^2

序号	统计单位	湿地					陆地水域
		小计	沼泽地	沿海滩涂	内陆滩涂	红树林地	
合计		40755.1	355.7	30031.2	7154.4	3213.8	460250.3
1	香港	600				600	
2	澳门						
3	广州	1122.3	7.1	48.9	785.6	280.7	69223.1
4	深圳	4013.2	3.5	3468.5	311.3	229.8	8801.2
5	珠海	9171.3	190.2	8050.6	399.0	531.4	33292.2
6	佛山	1340.2	0.0		1340.2		47228.3
7	惠州	5532.6	0.0	3217.1	2045.8	269.7	68441.5
8	东莞	242.2	2.3	0.6	213.9	25.3	24021.2
9	中山	347.6	2.2	0.5	178.7	166.1	22539.7
10	江门	17256.8	133.1	15244.9	768.0	1110.7	110047.0

（续表）

序号	统计单位	湿地					陆地水域
		小计	沼泽地	沿海滩涂	内陆滩涂	红树林地	
11	肇庆	1129.0	17.1		1111.9		76656.0

注：表中珠三角 9 市数据来源《广东省 2021 年度湿地资源统计（基于国土三调及其 2021 年度变更数据）》；香港特别行政区红树林数据来自《香港统计数字一览（2021 年版）》；其他数据暂无。

2. 重要湿地

粤港澳大湾区现有国际重要湿地 3 处，国家重要湿地 2 处，广东省省级重要湿地 3 处。

粤港澳大湾区国际和国家重要湿地名录

单位：hm^2

序号	级别	名称	所在地	总面积
1	国际重要湿地	香港米埔－后海湾湿地	香港	1500.0
2		惠东港口海龟国家级自然保护区	惠州	1800.0
3		广东广州海珠国家湿地公园	广州	869.0
4	国家重要湿地	广东省深圳市福田区福田红树林国家重要湿地	深圳	367.6
5		广东省珠海市中华白海豚国家重要湿地	珠海	46000.0
6	省级重要湿地	广东珠海淇澳－担杆岛省级自然保护区	珠海	7373.8
7		广东惠东莲花山－白盆珠省级自然保护区	惠州	14034.1
8		广东星湖国家湿地公园	肇庆	935.4

注：香港特别行政区数据来自《香港统计数字一览（2021 年版）》。

3. 湿地公园

珠三角 9 市现有国家级、省级湿地公园 17 处，总面积 1.19 万 hm^2。

珠三角九市湿地公园名录

单位：hm^2

序号	地级市	名　称	级　别	总面积
		合计		11900
1	广州	广州海珠国家湿地公园	国家级	869.0

（续表）

序号	地级市	名　称	级　别	总面积
2	广州	广东花都湖国家湿地公园	国家级	240.6
3	深圳	广东深圳华侨城国家湿地公园	国家级	68.5
4	珠海	广东珠海横琴国家湿地公园	国家级	327.4
5	珠海	华发水郡省级湿地公园	省　级	67.0
6	佛山	广东南海金沙岛国家湿地公园	国家级	1576.1
7	佛山	广东三水云东海国家湿地公园	国家级	401.9
8	惠州	广东惠州潼湖国家湿地公园	国家级	1161.3
9	东莞	广东麻涌华阳湖国家湿地公园	国家级	351.9
10	中山	广东中山翠亨国家湿地公园	国家级	625.6
11	江门	广东开平孔雀湖国家湿地公园	国家级	2554.3
12	江门	广东新会小鸟天堂国家湿地公园	国家级	274.6
13	江门	广东台山镇海湾红树林国家湿地公园	国家级	549.2
14	江门	广东鹤山古劳水乡省级湿地公园	省　级	70.2
15	肇庆	广东星湖国家湿地公园	国家级	935.4
16	肇庆	广东怀集燕都国家湿地公园	国家级	520.5
17	肇庆	广东四会绥江国家湿地公园	国家级	1301.2

四、森林城市

2008 年，广州首个获得国家森林城市称号，2018 年，深圳、中山获得国家森林城市称号，至此，珠三角 9 市实现森林城市全覆盖。

珠三角九市森林城市建成时间

序号	建成年份	城市	序号	建成年份	城市
1	2008	广州	4	2016	珠海、肇庆
2	2014	惠州	5	2017	佛山、江门
3	2015	东莞	6	2018	深圳、中山

2017 年 4 月，广东省林业厅印发《珠三角国家森林城市群建设规划》，全面启动珠三角国家森林城市群建设；2021 年 4 月，珠三角国家森林城市群通过国家林业和草原局专家组验收，16 项指标全部达到《国家森林城市群评价指标》标准，基本建成珠三角国家森林城市群。

第三节　战略趋势

一、提升湾区都市圈生态承载力

优化城市生态空间格局，构建生态健康、功能高效、互联互通、可达性强的城乡生态空间体系，加强自然生态系统保护修复，提升城乡自然生态品质，提升广州都市圈、深圳都市圈、珠江口西岸都市圈生态承载能力，助力打造成为高质量发展的增长极和动力源。

二、提升人与自然和谐共生水平

以旅游休闲轨道交通等串联起森林、湿地、海岸等不同资源禀赋生态空间，形成生态休闲综合体，带动经济社会现代化发展，促进人与自然和谐。在森林、湿地、海岸等生态空间内部建设生态步道（森林步道、湿地步道、海岸步道）等基础设施。推进华南国家植物园、深圳国际红树林中心、高品质自然公园建设，提高湾区生态产品质量。开展自然教育，增强公众建设生态文明、共建美丽中国的意识。

三、提升湾区智慧化服务水平

紧紧围绕数字政府建设要求，创新湾区生态建设理念，对标对表世界一流湾区建设对生态服务的需求，推进林业治理流程优化、模式创新和履职能力提升，系统提升湾区全地域的生态服务水平。推动林业生态保护发展数字化转型，强化森林、湿地、草原等数据治理，推进湾区“感知林业”建设，实现湾区生态建设信息化、数字化、智能化。构建湾区生态产品共享平台，不断增强人民群众获得感、幸福感、安全感。

第四节　战略重点

一、建设世界级森林城市

（一）通山达海的森林生态空间

建设珠三角北部连绵山体生态屏障，优化提升珠三角天露山、七星岩顶、鼎湖山、南昆山、罗浮山、象头山等主要山脉森林生态质量，突显其绿色天然屏障功能，提升北部生态保护、生物多样性保护的承载力。优化城市绿地生态网络，加强广州白云区的帽峰山、东莞和深圳之间的大岭山－羊台山－塘朗山、深圳和惠州之间的清林径－白云嶂、佛山的皂幕山、江门古兜山－珠海黄杨山－中山五桂山等重要区域绿核生态保护修复，提升生态廊道互连互通功能。东江、西江、北江、潭江、流溪河、增江、西枝江等骨干河流，以及其他江、湖等水体沿岸，建设贯通的城市森林生态廊道。北部生态屏障、区域绿核连通、水体沿岸森林生态廊道，有机连接森林、绿地、湿地、水域等重要生态斑块，构建融入湾区的通山达海生态网络。

（二）城林相依的绿美环境

加强城镇开发边界内亲民蓝绿空间建设，织密城市绿地网络，优化城市绿地布局，建设多类型公园，推进留白增绿、拆围建绿、见缝插绿，加强立体绿化美化，建设公共绿地和美丽庭院，提高公园 500m 服务半径覆盖城区居民区面积比例。开展乡村植绿活动，提升乡村绿化美化品质，建设森林城镇、森林乡村和绿美古树乡村、绿美红色乡村。构建“城林相依、人林相融”的高品质城乡绿美生态环境，打造“出门见绿，推窗见景”的美丽家园。

城林相依

（三）岭南绿韵的森林文化

在森林城市建设中凸显生态文化。保存自然生态风貌，特色乡土田园景观；挖掘古树名木与人文关系，展示古树名木的文化价值，传承历史文化；建设生态科普教育基地，完善生态文化基础设施，丰富优质生态文化产品，让居民“望得见山、看得见水、记得住乡愁”，使生态共建共享深入人心，生态文化知识得到广泛传播。

鼎湖山国家级自然保护区

二、建设世界级湿地城市

建设高品质城市生态湿地，推动建设“保护水平高、空间格局优、服务功能强、生态景观美”的湾区城市生态湿地，切实增进湿地民生福祉，开展省湿地城市建设，积极创建国际湿地城市。

（一）联水通湿的湿地生态空间

加强自然湿地保护，高水平保护沼泽湿地、滩涂湿地、红树林湿地、陆地水域、浅海水域（0~6m），保护建设好湿地保护区，积极推进划建湿地保护小区，确保总量不减少，重要湿地得到有效保护，湿地保护率稳步提升。优化湿地空间格局，通过河流生态骨架串联湖泊、水库、湿地等生态斑块，将湿地生态系统建设与城市生态、海绵城市结合起来，不断拓宽湿地生态空间，增进生态福祉。

（二）城水相融的生态湿地

建设示范性湿地公园，选择资源禀赋条件较好，或在湿地生态修复、湿地自然教育、湿地合理利用等方面成效显著且具备示范意义的湿地公园开展示范性湿地公园建设，挖掘城市特色湿地文化，通过系统修复、设施完善、强化科研宣教等方式，凸显湿地公园在湿地保护、宣传教育、合理利用等方面的突出作用，示范引领全省湿地公园高品质建设。推广小微湿地建设。加强自然类小微湿地保护，开展小微湿地生境修复、生态景观功能提升，探索小微湿地建设与社区公园、碧道建设、人居环境整治、污染防治相结合，推动区域内湿地生态系统功能不断强化、湿地生态景观不断优化。开展湿地自然教育，建设高品质湿地科普宣教场馆，提升湿地生态服务能力。建成林水相依、城湿相融的城市生态湿地。

城水相融　供图：广东省林业事务中心

广州海珠国家湿地公园

肇庆星湖国家湿地公园

（三）湾区特色的红树林生态带

加强红树林的保护修复，创建江门台山镇海湾、惠州惠东考洲洋万亩级红树林示范区。以江门台山镇海湾原生红树林展示、珠海淇澳人工红树林修复、广州南沙红树林候鸟迁徙地营建、深圳福田－香港米埔红树林科技交流合作、惠州大亚湾红树林城市生态休闲为重点，建设具有湾区特色的红树林沿海生态带，构建由红树林、海岸山地和近海岛屿为主体组成的重要生态屏障带。

三、建设湾区生态联通体

（一）生态廊道联通

依托湾区丰富的河流、湖泊、海洋、森林、湿地等自然资源禀赋，推进森林生态空间、湿地生态空间、水鸟生态廊道等生态廊道联通建设，加强湾区海陆能流、物流交换。重点加强水鸟生态廊道建设，东亚－澳大利亚西路线是中国鸟类迁徙最重要的路线，结合水鸟迁徙通道分布，依托沿海滩涂、珠江、西江和东江等重要水系及湖库周边区域，加强候鸟迁徙路线重要节点的湿地保护和修复，将重要湿地节点和水鸟集中分布区联为一体，拓展水鸟分布空间。通过植被修复、生境改造、水环境质量提升、生态水岸建设、植被隔离带建设、隐蔽地建设、红树林修复、有害生物治理、设立保护管理站，加强生境管理等措施，修复提升水鸟栖息地生境质量。利用环志标记、红外相机等，开展迁飞种群动态监测，建立迁飞沿线信息共享机制。

（二）生态步道联通

根据湾区各地方不同的生态资源优势特点，结合当地的文化特色，充分利用森林、湿地、海岸等生态空间建设森林步道、湿地步道、海岸步道等生态步道，打造慢行系统，提供高品质的休闲、游憩空间，提升湾区生态品质，更好满足湾区人民的生态需求。

（三）休闲轨道交通联通

为满足湾区日益增长的高品质生态需求，推动旅游休闲轨道交通建设，发挥城市轨道交通的带动和辐射作用，串联起森林、湿地、海岸等不同生态要素，建设生态休闲综合体，拓展湾区城市生态活动空间，提高城市生活品质，满足人们高品质的生态休闲需求，带动湾区经济社会现代化发展。

四、建设万物互联的智慧湾区

（一）湾区生态资源一体化

通过信息化、数字化，整合湾区各类生态休闲资源，提升一体化保护治理水平，确保自然保护区、自然公园内的珍贵自然资源，及其所承载的生态、景观、文化、科研价值得到有效保护，持续提升湾区资源质量，促进区域生态旅游、康养和自然教育一体化发展。

（二）湾区生态服务数字化

依托数字政府建设，赋能智慧生态服务建设，以数字化、智能化推动林业管理服务模式变革，搭建起集自助终端、网厅、微信等服务渠道为一体的综合服务平台，建设生态服务“一窗通”系统，提升智慧便捷服务能力，全面提升生态服务水平，以数字化推动现代化。

五、建设和谐共生的国际展示窗口

（一）建设世界一流、万物和谐的华南国家植物园

高标准建设华南国家植物园，打造彰显中国特色、世界一流、万物和谐的国家绿色名片，支持有条件的市县建设植物园、树木园。高标准推进华南国家植物园建设，增建种质资源库、迁地保护中心，推进植物资源利用相关产业发展，重点开发生态恢复植物、园林观赏植物、经济和药用植物等。支持广州构建“1+3+N”城园融合体系，提升深圳、东莞、惠州植物园以及兰科中心等国家级保护中心迁地保护能力，推动深圳、佛山、肇庆、茂名和韶关植物园以及清远喀斯特地貌特色植物园和连南民族生态园建设，纳入国家植物园建设规划体系，构建以华南国家植物园为引领的植物迁地保护体系。

华南国家植物园

专栏 8 华南国家植物园建设方案

一、使命定位

立足华南，致力于全球热带亚热带地区的植物保育、科学研究和知识传播，在植物学、生态学、农业科学、植物资源保护与利用关键技术等方面建成国际高水平研究机构，引领和带动国家植物园体系建设与世界植物园发展，为绿色发展提供科技支撑。

二、发展愿景

坚持国家代表性和社会公益性，对标最高最好最优，以华南地区兼顾全球热带亚热带地区植物资源迁地保护为核心，打造“种质资源库、科普实践地、生态展示园”，全面提升物种保育、科学研究、科普教育、园林园艺展示、资源开发利用等方面的综合功能，物种保育达到 2 万种以上，使华南珍稀濒危物种 95% 种类得到有效迁地保护，为全球珍稀濒危植物保护和解濒危提供中国方案。稳步建成以代表热带亚热带气候植被带和典型华南植被群落为特征的华南国家植物园，展现最庞大、最丰富、最多元、最美丽的华南植被系列，引领国际国内植物园高质量发展，为国家履行《生物多样性公约》和战略植物资源研发、应用和保护提供科学支撑。

三、规划结构

华南国家植物园总体规划结构是“一环双馆、三庭多苑”。

一环：植物故事主题环。串联全园区主要核心节点，浓缩最精华的植物观赏节点，将植物故事和岭南园林文化融合展示，体现生物多样性之美。

双馆：展览温室群、自然教育与生态文明展示馆两大核心建筑。

三庭：

秀庭——植物奇观：国际专类植物和展览温室世界植物融合展示区。

翠庭——岭南瑰宝：岭南植物和岭南庭院融合展示区。

碧庭——华南宝库：华南特色植物与大地景观融合展示区。

多苑：44个散布于展示区内的各专类园。

四、建设内容

（一）迁地保护体系建设工程。植物宝库、奇珍满园。将以华南地区及全球热带亚热带区域植物迁地保护为重点，辐射世界同纬度地区，关注南美和东南亚等世界生物多样性热点地区，聚焦珍稀濒危植物、本土特有植物、重要科研价值植物和经济植物收集，开展植物资源评价和植物园特色科学研究，参与全球和主持中国植物多样性保护行动计划，推动全省植物迁地保护体系建设，支撑国家战略植物资源储备和绿色生物产业发展。

（二）科学研究体系建设工程。科学瑰宝、国之重器。以植物多样性与特色经济作物全国重点实验室为抓手，聚焦植物多样性保护、植物资源可持续利用、生态系统功能提升三大领域，在植物多样性形成与维持机制、濒危植物迁地拯救与野外回归技术、植物迁地与就地整合保护体系、植物优异基因和功能活性物质的发掘与鉴定、规模化高效繁育体系与配套生产、生态系统退化机理与驱动因素、生态系统质量精准提升与示范等研究方面取得重大突破。

（三）科普宣教体系建设工程。全域科普、全民共享。立足于现有公众教育能力，依托植物展览、科学互动和解说系统，丰富科普宣教活动，活化科普教育课程；耦合专业科研成果和大众科普教育，促进高端科研成果科普化，讲好中国植物故事，彰显中华文化和生物多样性魅力，将植物园打造为设施先进、活动丰富、满足各个年龄段、不同类别人群对于自然科学、人文历史、自然体验等多方面综合需求的国家级科普实践地与生态文明示范园。

（四）园林园艺体系和文化体系建设工程。大国苑囿、传世之园。设传承百年园区建设以水为脉的空间布局方式，借鉴岭南园林造园手法，通过生态营园、群落建园、水脉串园，推动高水平专类园建设，形成三条主题植物脉络，将热带亚热带植物知识和岭南园林文化融合展示，讲好中国植物故事，成为世界最具植物观赏特色的“高颜值植物园”。

（五）植物资源可持续利用工程。城园融合、惠益共享。为保证迁地保护、植物展示、生态科普功能的持续提升和科研成果及时转化应用，在现有园区基础上，与广州市开展合作，推动植物资源走出园、融入城。

（六）公共基础设施建设工程。AAAAA 景区、绿色低碳。对标国际先进水平，面向未来，为植物园第二个百年建设目标奠定良好基础。

（七）系统化智慧化管理工程。智慧园区、数字化管理。以实现中国特色、世界一流、万物和谐的国家植物园为目标，着眼于引领示范国家植物园体系建设，成为各国家植物园体制机制的示范标杆，立足自身基础和特色，全面优化国家植物园迁地保护、科研、科普、利用、园林和管理等方面的体制机制。以国家植物园建设为契机，推动智慧化、数字化植物园建设，带动国内植物园智慧化建设。

（二）建设国家林业和草原局穿山甲保护研究中心

大力推进国家林业和草原局穿山甲保护研究中心、穿山甲保护重点实验室和长期科研基地建设，重点开展穿山甲野外种群监测与生态功能评价、栖息地精准识别与管理、人工繁育与野化放归等研究，科学规划、合理布局，建设一批野外科学观测研究台站、异地救护保存、野化训练场和野外放归示范点。制定野外资源调查与监测、救护与人工繁育、野化与放归等技术规程，构建遗传资源样本库。紧紧围绕国家“一带一路”倡议，加强国际交流与合作，推动与全球穿山甲分布国家建立保护联盟，创新合作机制，搭建以穿山甲为旗舰物种的国际领先野生动物保护研究平台。

（三）建设国际红树林中心

在深圳高标准建设国际红树林中心，高水平建设具有国际影响力的红树林保护合作平台。积极推进中国红树林博物馆建设，面向应对气候变化、强化生态系统修复与生物多样性保护、促进可持续发展等需求，建立红树林保护修复国际交流机制。开展红树林保护修复国际交流、合作与行动，定期举办全球红树林论坛，促进红树林保护修复的全球协同行动。

深圳红树林　供图：广东省林业事务中心

（四）举办人与自然和谐共生国际论坛

举办人与自然和谐共生国家级国际论坛，扎根湾区、着眼全国、面向世界，邀请相关国家、国际组织参加。汇聚政府、商界、学界、科技界、媒体、民间及其他各界领导者开展交流与合作，采取举办开幕式、主旨演讲、特邀演讲，以及人与自然和谐共生建设成果展等方式，学习借鉴国际国内的先进典型理念做法，探讨湾区生态建设的战略与行动，讲好湾区生态建设故事，推动建设人与自然和谐共生的美丽湾区。

第四章

提升生态修复水平 建设协同发展的沿海生态经济带

党的二十大报告明确提出，发展海洋经济，保护海洋生态环境，加快建设海洋强国。2023 年，习近平总书记考察广东时强调，海洋生态文明建设是生态文明建设重要组成部分。沿海地区生产最密集、人口最密集，同时对自然生态影响也比较大。加强陆海统筹，提升建设沿海防护林带，打造万亩级红树林示范区，保护修复红树林，加强滨海湿地建设，保护海洋生态，建设亲山傍海、山海相连的美丽海湾，实现生态治理与经济发展协同共进，建设协同发展的沿海生态经济带，为全省经济发展主战场保驾护航。

第一节　战略依据

一、建设世界级沿海经济带

2017 年 10 月，广东省政府印发《广东省沿海经济带综合发展规划（2017—2030 年）》（粤府〔2017〕119 号），提出坚持世界标准，瞄准国际标杆，建设成为全球一流品质、极具魅力和竞争力的世界级沿海经济带的总体要求，通过构建陆海生态安全格局、强化陆海生态系统保护、加强陆海环境污染防治、推动沿海产业绿色化发展、完善海洋公共服务体系，建设陆海统筹生态文明示范区，打造沿海生态绿带（广东省人民政府网，2017）。

二、保护海洋生态环境

《“十四五”海洋生态环境保护规划》提出实施海洋生态保护修复工程，坚持陆海统筹、河海联动，整体推进“蓝色海湾”整治行动、红树林保护修复、海岸带保护修复工程等，提高海洋生态系统质量和稳定性。强化“水清滩净、鱼鸥翔集、人海和谐”的美丽海湾示范建设，重点推进黄渤海、长三角、海峡西岸、粤港澳大湾区、北部湾、海南等区域美丽海湾示范建设，形成秦皇岛湾、崂山湾、台州湾、马銮湾、大鹏湾、铺前湾等一批美丽海湾典范。

第二节　战略现状

一、资源分布不均衡

东西两翼国土面积占全省总面积 26.8%，常住人口占比 25.4%，地区生产总值占比 13.3%。森林总面积占比 20.5%，林地面积占比 19.8%。空间上森林资源、湿地资源总量较少，分布不均，城乡生态空间较少，区域绿量相对不足。

二、植被水土保持功能脆弱

粤东地区立地条件差，海岸山地岩石多，土壤薄，地带性森林植被少，水土保持功能弱。雷州半岛地带性森林植被大幅丧失，桉树纯林相对较多，结构性缺水严重。东西两翼总体上呈现以森林为主体的生态系统水土保持功能支撑社会经济可持续发展能力不足。

三、沿海生态防护功能不强

据 1951—2015 年数据分析，登陆广东省的热带气旋数为 241 个，占登陆我国热带气旋总数的 29.53%，年均登陆广东省热带气旋数为 3.71 次。沿海防护林存在退化、断带现象，砂质岸线、盐沼、红树林和珊瑚礁等海岸带生态系统遭受破坏，抵御台风等自然灾害能力有待提高。

第三节　战略趋势

一、提升东西两翼自然生态功能

统筹山水林田湖草一体化保护和系统治理，调整树种林种结构，逐步恢复地带性植被，提升森林质量，提高森林生态功能。持续开展城镇、乡村

“五边”“四旁”植绿活动，增加绿量。提升为新时代全省发展主战场保驾护航的能力。

二、提升沿海生态防护水平

推进自然岸线、滨海湿地、红树林、沿海防护林等生态系统保护修复，提升其生态连通性，建设美丽海湾，充分发挥沿海生态带防灾减灾功能，保障人民生命财产安全。

三、提升林地利用效能

充分利用区域地理优势，对相邻区域的生态经济资源进行挖掘和整合，创造新的区域生态经济产业。科学经营大径材用材林、积极培育“珍贵树种 + 南药”、林下经济，解决“以短养长”，大力发展特色经济林，提升林地产出率。

第四节　战略重点

一、恢复地带性植被群落

在东西两翼林地资源总量有限的情况下，逐步科学提高重要生态区域公益林占比，逐步恢复地带性森林植被群落，提升森林质量。开展雷州半岛热带季雨林修复，对桉树等商品林纯林，延长经营周期，培育大径材，或采取块状混交方式调整树种组成，培育成阔叶混交林。依法严格保护天然林，严禁将天然林改造为人工林。提高森林生态系统水土保持、水源涵养、蓄水调水等生态功能。

二、建设提升沿海防护林

对达不到标准宽度的林带、断带缺口地段，结合沟、渠、河堤、道路绿化开展基干林带人工造林；对因各种自然、人为原因遭受破坏的稀疏、灾损林带进行修复；对于年龄老化、树木生长下降、郁闭度低的稀疏老化基干林带，逐步实施更新改造；采取政府引导和适当经济补偿相结合的措施，在基干林带区位内逐步实施退塘造林；加强困难立地造林和纵深防护林建设；全面提升沿海防护林体系整体防护功能。

茂名市电白博贺沿海防护林带

三、保护恢复红树林

粤西红树林面积占全省红树林总面积比重大，有我国连片面积最大的原生红树林分布，是我国大陆海岸红树林种类最多的地区，加强保护恢复沿海红树林。强化红树林生态监测与评价，及时掌握红树林资源、生物多样性、重要生态功能、环境质量现状等的动态变化。加强红树林湿地保护，严格红树林用途管制，从严管控涉及红树林的人为活动，建立有害生物监测预警及风险管控机制。科学营造红树林，在适宜恢复区域恢复乡土红树植物群落，扩大红树林面积，完善红树林造林合格奖励新增建设用地指标的激励机制。修复提升红树林生态系统功能，坚持自然修复为主、人工修复为辅的方针修复红树林生态系统，提高红树林生态系统的稳定性和完整性。建设湛江雷州沿岸、湛江徐闻东北海域万亩级红树林示范区，高水平打造金牛岛红树林绿美广东生态建设示范点。

湛江红树林国家级自然保护区　供图：广东省林业事务中心

四、建设美丽海湾

（一）建设美丽海湾湿地

重点推动潮州市大埕湾、汕头市青澳湾、汕头市内海湾、揭阳市资深湾、汕尾市遮浪湾、惠州市考洲湾、深圳市大鹏湾、东莞市交椅湾、珠海市情侣路岸段、珠海市东澳湾、江门市镇海湾、阳江市珍珠湾、阳江市大角湾－北洛湾、湛江市博茂港湾、湛江市金沙湾湿地保护建设，提升海湾湿地质量。建设滨海公园及湿地公园，拓展海湾湿地公众亲近空间。

（二）建设滨海林廊绿道

以生态化海堤、滨海湿地、魅力沙滩、美丽海湾、活力人居海岸线建设为重点，打造滨海绿美景观带，畅通山海相连的林廊绿道。强化海岸带综合保护利用，实施海岸带保护和修复重大工程，改善滨海湿地和珊瑚礁等重要生境，保护魅力沙滩等自然空间。以增强植物消浪、抗御台风和风暴潮为重点，运用恢复原貌、软化岸基等多种方式，实施生态化修复，建设生态海堤。推进海岸带资源严格保护、有效修复和集约利用，整合滨海绿美单元，建设美丽海湾，带动提升近岸海域生态环境质量。

五、发展特色珍贵经济林

重点发展电白沉香、化州橘红、阳春春砂仁、新会陈皮、陆河青梅、潮州单枞、汕头青榄等特色产业。在粤西重点发展格木、降香黄檀、闽楠、桢楠、母生、青皮、坡垒等“珍贵树种＋南药”。打造道地药材示范县、珍贵树种示范县，通过创新项目利益相关者收益分配方式，形成企－村－林农利益联结机制，加强规范种植经营模式，培育优质珍贵树种和道地药材，与康养、旅游相结合，谋划全产业链发展。重点发展珍贵树种大径材，增加林木资源储备。

六、创建省域副中心森林城市群

依托汕头市、湛江市省域副中心城市建设，加快创建汕头、汕尾、潮州、揭阳和湛江、茂名、阳江等两个森林城市群，形成“一主两副”的森林城市群多极发展格局。加快推进汕尾、湛江、潮州和揭阳市开展森林城市建设，到 2027 年，实现全省地级以上市国家森林城市全覆盖。优化县城生态空间，挖掘森林生态文化，提升森林生态服务功能，高起点、高水平、高标准建设国家森林县城。根据森林、湿地等生态资源本底、民族文化和地方文化特色，建设休闲宜居型、生态旅游型、岭南水乡型和民族风情型等多种类型的森林城镇。结合农村人居环境整治工作，建设一批森林乡村、绿美古树乡村、绿美红色乡村、民族特色乡村。统筹城乡绿化，推动城市、郊区、乡村绿化美化，持续提升山边、水边、路边、镇村边、景区边“五边”绿化美化品质，深入开展宅旁、村旁、路旁、水旁“四旁”植绿活动，推进城市公共绿地建设，构建城乡一体的生态网络，营造“城在林中、路在绿中、房在园中、人在景中”的绿美城乡人居环境。

专栏9 培育珠海、汕头、湛江省域副中心城市

充分发挥广州、深圳国家级中心城市的核心引领带动作用，积极培育珠海、汕头、湛江省域副中心城市和佛山、东莞省级经济中心城市，集聚整合高端资源要素，全面提升国际化、现代化水平，引领全省高质量发展。

推动重大生产力布局向省域副中心城市倾斜，支持珠海、汕头、湛江在区域重大战略中发挥更大作用，带动珠江口西岸协同发展、汕潮揭同城化、湛茂一体化发展。

1. 珠海。支持珠海联动澳门加快建设横琴粤澳深度合作区，推动珠海保税区、洪湾片区、鹤洲片区以及航空产业园、高栏港经济区、万山海洋开发试验区与横琴粤澳深度合作区功能协调和产业联动，聚焦家用电器、集成电路等培育发展以关键核心技术为突破口的前沿产业集群，建设新时代中国特色社会主义现代化国际化经济特区，打造粤港澳大湾区高质量发展新引擎。

2. 汕头。支持汕头建设新时代中国特色社会主义现代化活力经济特区，加快构建以创新驱动为核心的现代化经济体系，以“一湾两岸”为核心优化城市空间布局，建设区域教育、医疗、文化、商贸“四大高地”以及创新和金融服务“两中心”，引领粤东地区整体跃升。

3. 湛江。支持湛江深度对接粤港澳大湾区、海南自由贸易港、北部湾城市群和国家西部陆海新通道建设，在深化陆海双向开放中推进高质量发展，以湛江湾为核心强化城市辐射能力；发展壮大绿色钢铁、绿色石化、绿色造纸、绿色能源等战略性支柱产业，增强对粤西地区的辐射带动能力。

第五章

提升生态系统质量 建设多样永续的北部生态保育区

- 第一节　战略依据
- 第二节　战略现状
- 第三节　战略趋势
- 第四节　战略重点

党的二十大报告提出“提升生态系统多样性、稳定性、持续性，加快实施重要生态系统保护和修复重大工程”。南岭拥有亚热带完整的山地森林生态系统和原生植被垂直带，是华南地区生物多样性的宝库。高质量建设国家公园，高水平建设自然保护区，高水平恢复石漠地区植被，高水平建设水源涵养林，保持自然生态系统的原真性和完整性，保护生物多样性。完善生态保护补偿制度，建立生态股权机制，促进生态产品价值实现。实现生态保育和“两山”转化融合发展，建设多样永续的北部生态保育区。

第一节　战略依据

一、提升生态系统多样性、稳定性、持续性

2017 年 10 月，党的十九大报告指出，加大生态系统保护力度。实施重要生态系统保护和修复重大工程，优化生态安全屏障体系，构建生态廊道和生物多样性保护网络，提升生态系统质量和稳定性。

2019 年 12 月，新修订的《中华人民共和国森林法》第二十四条提出，县级以上人民政府应当落实国土空间开发保护要求，合理规划森林资源保护利用结构和布局，制定森林资源保护发展目标，提高森林覆盖率、森林蓄积量，提升森林生态系统质量和稳定性。

2022 年 10 月，党的二十大报告指出，提升生态系统多样性、稳定性、持续性。以国家重点生态功能区、生态保护红线、自然保护地等为重点，加快实施重要生态系统保护和修复重大工程。推进以国家公园为主体的自然保护地体系建设。实施生物多样性保护重大工程。科学开展大规模国土绿化行动。推行草原森林河流湖泊湿地休养生息。

二、建立以国家公园为主体的自然保护地体系

2013 年 11 月，党的十八届三中全会通过的《中共中央关于全面深化

改革若干重大问题的决定》提出建立国家公园体制。2015 年 1 月，国家发展改革委等 13 部委联合印发《建立国家公园体制试点方案》，提出开展建立国家公园体制试点，主要试点内容包括突出生态保护、统一规范管理、明晰资源归属、创新经营管理和促进社区发展。同年 9 月，中共中央、国务院印发《生态文明体制改革总体方案》（中发〔2015〕25 号），提出建立国家公园体制并作出了具体要求，强调“加强对重要生态系统的保护和利用，改革各部门分头设置自然保护区、风景名胜区、文化自然遗产、森林公园、地质公园等的体制”，“保护自然生态系统和自然文化遗产原真性、完整性”（中国政府网，2015）。

2017 年 9 月，中共中央、国务院印发《建立国家公园体制总体方案》，提出建成统一规范高效的中国特色国家公园体制，交叉重叠、多头管理的碎片化问题得到有效解决，国家重要自然生态系统原真性、完整性得到有效保护，形成自然生态系统保护的新体制新模式，促进生态环境治理体系和治理能力现代化，保障国家生态安全，实现人与自然和谐共生（中国政府网，2017）。同年 10 月，党的十九大报告更明确提出“建立以国家公园为主体的自然保护地体系”。2018 年《深化党和国家机构改革方案》提出，“组建国家林业和草原局，加挂国家公园管理局牌子”，由此实现了对自然保护地的统一管理。

2019 年 6 月，中共中央、国务院印发《关于建立以国家公园为主体的自然保护地体系的指导意见》，提出建立分类科学、布局合理、保护有力、管理有效的以国家公园为主体的自然保护地体系，确保重要自然生态系统、自然遗迹、自然景观和生物多样性得到系统性保护，提升生态产品供给能力，维护国家生态安全，为建设美丽中国、实现中华民族永续发展提供生态支撑。其中，国家公园是指以保护具有国家代表性的自然生态系统为主要目的，实现自然资源科学保护和合理利用的特定陆域或海域，是我国自然生态系统中最重要、自然景观最独特、自然遗产最精华、生物多样性最富集的部分，保护范围大，生态过程完整，具有全球价值、国家象征，国民认同度高（中国政府网，2019）。

2021 年 10 月，在《生物多样性公约》第十五次缔约方大会上，中国宣布正式成立三江源、大熊猫、东北虎豹、海南热带雨林和武夷山等第一批

5 个国家公园，共涉及 10 个省份，保护面积达到 23 万 km^2。同年 11 月，中国共产党第十九届中央委员会第六次全体会议通过的《中共中央关于党的百年奋斗重大成就和历史经验的决议》将“建立以国家公园为主体的自然保护地体系”作为重大工作成就写入其中。按照《国家公园空间布局方案》，未来我国应该有 50 个左右的国家公园。

三、生态产品价值实现机制

2021 年，中共中央、国务院印发《关于建立健全生态产品价值实现机制的意见》，提出坚持绿水青山就是金山银山理念，坚持保护生态环境就是保护生产力、改善生态环境就是发展生产力，以体制机制改革创新为核心，推进生态产业化和产业生态化，加快完善政府主导、企业和社会各界参与、市场化运作、可持续的生态产品价值实现路径，着力构建绿水青山转化为金山银山的政策制度体系，推动形成具有中国特色的生态文明建设新模式（中国政府网，2021）。

第二节　战略现状

一、森林资源相对丰富

北部生态保育区国土面积占全省的 42.7%，林地总面积占全省的 54.4%，森林总面积占全省的 52.7%，公益林占全省的 59.8%，商品林占全省的 49.9%，近成过熟林占全省的 52.6%，乔木林单位面积蓄积量为 $72.9m^3/hm^2$，高于全省平均值。

二、自然保护地类型多样

北部生态保育区共有各类国家级自然保护地 33 处，其中：自然保护区

5处、风景名胜区1处、地质公园3处、森林公园13处、湿地公园9处、石漠公园2处。各类省级自然保护地73处，其中：自然保护区35处、风景名胜区7处、地质公园5处、森林公园24处、湿地公园2处。省级以上自然保护地总数量占全省的38.5%，总面积占全省的51.1%。

三、石漠化地区植被质量不高

韶关、清远两市森林面积大、森林覆盖率高，但也是石漠化主要分布地区，岩溶地区石漠化土地面积占全省岩溶地区石漠化土地面积的90%以上，石漠化岩溶地区立地条件差，土壤贫瘠，蓄水困难，森林植被质量不高。

四、生态资源尚未变成富民资源

北部生态保育区有着良好的生态资源，但目前尚未完全把绿水青山的生态优势转化为金山银山的发展优势，生态资源没有变成富民资源。突出表现在生态产品价值实现机制不完善、实现途径不畅通、管理机制不健全，缺少生态产品价值核算的统一标准，缺少生态产品价值实现的成熟模式。

第三节　战略趋势

一、保护南岭山脉重要生态系统

加强南岭起微山、大东山、大瑶山、蔚岭、大庾岭、青云山、九连山等山脉重要森林生态系统保护。统筹考虑自然地理单元完整性、生态系统关联性、自然生态要素综合性，整合相关重要生态系统保护和修复工程内容，加强南岭生态屏障功能恢复。加强岩溶石漠化地区的植被恢复治理，因地制宜采取封山育林、人工造林、退耕还林、土地综合整治等多种措施，着力加强森林植被保护与恢复，推进水土资源合理利用。

二、保护提升新丰江水源涵养林

新丰江水库是华南地区最大的人工湖，肩负着保障粤港 4700 多万人饮用水的重大使命，是一湖“政治水”“生命水”“经济水”。新丰江、枫树坝水库库区集雨区域，相对集中连片界定公益林，集聚营建水源涵养林，通过森林质量精准提升，逐步恢复地带性植被，提升库区森林涵养水源、净化水质能力，保障东深供水生态安全。

三、保育生物多样性

全力创建南岭国家公园、丹霞山国家公园，建设一批示范性自然保护区、森林公园和山地公园、郊野公园，创新自然保护区建设模式，建设以生物多样性保护为主导功能的自然保护地集群。加强野生动植物保护，持续强化就地与迁地保护，确保重要生态系统、生物物种和生物遗传资源得到全面保护，提高生物多样性水平。

伯乐树　供图：胡喻华　　丹霞梧桐

广东含笑　　紫纹兜兰

四、生态资源价值化

坚持生态产业化，在确保生态系统功能不被破坏的基础上，对绿水青山进行产业化开发和经营，打通生态产品价值实现途径，将资源优势转化为经济优势，将生态优势转变为发展优势。开展全民所有自然资源资产清查，摸清各类生态产品数量、质量等底数，推进生态产品的确权、量化、评估，建立林业生态产品价值核算体系，建立生态产品价值实现多元路径，建立生态产品价值市场应用机制、评估机制，推动生态产品价值实现。

第四节　战略重点

一、国家公园引领建设保护地集群，高质量保育生物多样性

围绕生物多样性保育，建立以国家公园为核心，以自然保护区为骨干、以自然公园为补充的自然保护地群。加强自然保护地生态系统保护，建立保护野生动植物资源的生态廊道，共同实施跨区域综合性项目，建立区域协同管理、联合执法机制，强化社区共管，实施区域协调发展战略。

（一）高质量建设国家公园

1. 全力建设南岭国家公园

南岭是我国南部最大山脉和重要自然地理界限，具有生态系统的国家代表性和生物物种的国家代表性。整合南岭国家公园范围内的自然保护地，构建具有全球意义的中亚热带生物多样性保护地。坚持生态保护优先，科学设置管控分区，保护中亚热带常绿阔叶林森林生态系统，中国特有种莽山原矛头蝮、国家一级保护野生动物鳄蜥等国家代表性生态系统和旗舰物种，以及以华南五针松为代表的独特的针叶林景观等。建立健全利益协调、社会参

与、特许经营等机制，按照“公园引领、旅线串联、圈层联动、节点支撑”的联动方式，促进区域联动发展。丰富旅游产品供给，结合乡村振兴战略，推动国家公园建设和绿色产业协同发展。

南岭石坑崆　供图：广东南岭国家级自然保护区管理局

乳源大峡谷　供图：广东省林业事务中心

2. 加快创建丹霞山国家公园

丹霞山是世界丹霞地貌中发育最典型、类型最齐全、造型最丰富的丹霞地貌集中分布区，是世界自然遗产地，具有地质资源的国家代表性。加快开展丹霞山国家公园建设前期相关论证工作，编制总体规划，积极推动丹霞山国家公园设立。

丹霞山　供图：广东省林业事务中心

（二）高水平建设自然保护区

1. 分区分类建设自然保护区

对于国家级、省级和市县级不同级别的自然保护区，实施分类施策保护；优化自然保护区功能分区，实施分区精准保护；选取部分保护对象价值较高、管理水平较好的国家级、省级自然保护区，建设高标准自然保护区，示范带动提升全省自然保护区保护水平。

2. 物种栖息地和关键生境保护修复

加强自然保护区物种栖息地和关键生境等修复，提高保护区保护能力。根据全国第二次野生动植物调查成果，对分布重点保护陆生野生动物受损栖息地，分布重点保护野生植物和极小种群野生植物的关键生境，采用以自然恢复为主、人工促进为辅的方法，开展生境修复。对于受损程度较轻的区域，主要依靠自然恢复；对于受损程度严重的区域，主要采取人工生境改造、近地保护等措施，促进生境植被恢复、栖息觅食场所重建。

3. 生态廊道保护修复

在调查评估物种分布区及种群扩散趋势的基础上，对分布旗舰种、伞护种的自然保护地科学建立必要的生态廊道，提高生态系统完整性和连通性。加强重要鸟类迁飞通道保护，在重要区域设立保护管理站，加强生境管理，开展迁飞种群动态监测，建立迁飞沿线信息共享机制，加大巡护执法力度。

4. 自然遗迹抢救性保护修复

重点对喀斯特地貌等类型的重要特殊地质遗迹和古生物遗迹开展抢救性保护，针对威胁保护对象的因素进行适当工程疏导。推动由注重抢救性保护修复向抢救性与预防性保护修复并重转变，由注重自然遗迹本体保护修复向本体与周边环境、文化价值的整体保护修复转变。

（三）提升自然公园生态服务能力

1. 提升自然公园生态功能

确保自然公园内的珍贵自然资源，及其所承载的生态、景观、文化、科研价值得到有效保护，提升生态功能和景观品质，增强自然公园生态服务能力。

2. 积极开展生态教育和自然体验

依法依规合理利用自然资源，设计和定制生态教育和自然体验项目，打造一批自然学校。利用宣教设施、巡护线路、解说系统、监测样地等建设内容，组织公众参与资源巡护、野外观测、防火监测、社区生产、野外宿营等体验活动，引领参与者投身自然、探知体验。逐步完善科普宣教体系。

3. 适度开展生态旅游

坚持贴近自然、生态友好的自然保护地生态旅游方向，适当利用景观资源和高质量生态普惠产品，结合当地风情文化，凸显地域性和文化特色，开展资源友好型生态旅游活动。

（四）健全自然保护地发展机制

1. 建立完善管理制度

依据国家有关自然保护地法律法规，完善我省自然保护地地方性法规、管理和监管制度，规范各类自然保护地建立、调整和撤销程序。加强涉及自然保护地各类开发建设活动的准入管理，定期开展自然保护地监督检查专项行动。完善自然保护地生态补偿制度，推进建立核心保护区生态移民制度，建立野生动物肇事补偿制度，建立健全特许经营制度。加强自然保护地有效管理评价指标考核，强化管理有效性。

2. 科学设置管理机构

结合自然保护地整合优化工作，逐步理顺管理体制，做到一个自然保护地、一套机构、一块牌子。探索自然保护地群管理模式，科学设置自然保护地管理机构，分批有序完成全省各级各类自然保护地管理机构设置，确保每个自然保护地都有相应的管理机构。

3. 建立完善标准体系

加强制（修）订自然保护地设立、建设、管理、标识等统一的技术标准规范，衔接“国家公园和自然保护地标准技术委员会”的自然保护地标准体系建设计划，印发各类自然保护地建设技术指引，构建自然保护地规范发展的技术支撑体系。制订自然保护地自然资源资产价值评估标准，发布资源利用负面清单。

4. 建设智能感知监测体系

开展自然保护地内森林、湿地、水资源、野生动植物等自然资源的分布、数量、质量和权属状况本底调查，并制定计划长期监测，形成自然保护地本底资源基础数据库。评估和预警保护地生态风险，定期发布自然保护地内自然资源及生态环境状况报告。结合大数据、云计算等信息手段，构建天空地监测一体化的“国家－省－保护地”三级监测平台，形成自然保护地

“一套数、一张图”。

5. 加强人员队伍建设

保障各自然保护地机构设置和人员配置到位，形成多层次、多专业、多学科的人员队伍体系。重视人才梯队培养，建立分类别、分层级、多渠道、多形式的培训体系，形成覆盖各级各类自然保护地内不同专业工作人员的培训机制。

6. 建立共建共治共享机制

充分考虑自然保护地内及周边区域的社区民生发展需求，鼓励、扶持原住民从事环境友好型经营活动，支持和传承传统文化及人地和谐的生态产业模式，促进转产增收；根据生态保护需求设立护林员等资源管护岗位，优先安排周边社区原住居民，提升社区群众参与感、获得感；完善公共服务设施，提升公共服务功能。建立志愿者服务体系，探索志愿活动组织、人员培训、工作保障、服务记录的有效途径，探索建立公益基金会等自然保护地社会捐赠制度，鼓励全社会参与自然保护地生态保护、建设与发展。

二、高品质建设水源涵养林，高质量保护“中国好水”*

立足保护新丰江中国好水，以新丰江、枫树坝等大型水库、东江流域等为主，通过租赁、赎买、置换等方式优化公益林布局，打造集中连片的以水源涵养功能为主的公益林，通过调整树种结构、优化林分结构，精准提升森林质量，科学开展长周期森林经营，促进现有森林向地带性植被演替，充分释放森林“水库”的多重效益，全面提升森林水源涵养功能，有效保障水资源质量，为粤港澳大湾区高质量可持续发展提供保障。

* 2015年，由中国环境科学学会和《环境与生活》杂志共同发起的首届“寻找中国好水”大型环保行动，广东省万绿湖水源地入围首批“中国好水”水源地。

新丰江水库　供图：广东林业事务中心

三、以国家石漠公园建设为引领，高水平治理恢复植被

（一）建设国家石漠公园

以连南万山朝王国家石漠公园和乳源西京古道国家石漠公园为引领，加快推进乐昌云岩国家石漠公园建设，加强石漠化地区植被保护恢复，整体提升岩溶地区生态系统服务功能，开展以石漠化为主题的自然科普教育，强化与生态旅游融合，加快生态产品价值实现，打造国家石漠公园建设的“广东名片”。

连南万山朝王国家石漠公园　供图：广东林业事务中心

（二）石漠化综合治理利用

加强石漠化综合治理利用，研究不同类型石漠化土地的治理模式和石漠化地区水土流失机理，大力推广和应用先进实用的技术和模式，因地制

宜地探索“石漠化治理 + 特色产业”的发展模式，大力发展林果、林药、林油等产业，提高当地居民的经济收入，实现石漠化治理可持续发展。

四、建立生态股权机制，推动生态产品价值有效实现

建立生态股权机制，鼓励林农在平等自愿和不改变林地所有权的前提下，主要依据树种、林种、林分质量的不同，将林地和林木转化为生态股权。培育新型经营主体，以林权收储或流转方式获得使用权和经营权，实施集中储备和规模整治，解决林权碎片化问题，通过实施质量精准提升、生态修复、特许经营、积极发展木材经营、竹木加工、林下经济、森林旅游康养等“林业 +”产业，实现林业资源规模化开发利用，提升林地、林木的生态附加值。建立林业生态产品价格形成机制，给生态股权贴上价值标签。林农以生态股权的形式获得收益，将绿水青山转变为金山银山。

五、高标准建设国家储备林，为国储材藏富于山

严格落实国土空间规划和耕地保护要求，科学合理、依法合规选址，开展国家储备林重点工程建设。利用政策性资金，组建项目公司，在具备条件的地区开展国家储备林建设，负责项目的投资、建设、运营和管理。优化储备林基地布局，不断创新适合广东实际的国家储备林建设模式。按照基地化、规模化要求，重点建设红锥、米锥、吊皮锥、闽楠、浙江润楠、火力楠、乐昌含笑、灰木莲、格木、南酸枣、柚木、青皮、坡垒、黑木相思、南方红豆杉、土沉香、降香黄檀等珍贵树种示范基地和大径级用材林基地。深入开展珍贵树种木材高效加工利用技术研究，延长产业链，提高珍贵树种发展附加值，实现藏富于山、藏富于林。

第六章

精准提升森林质量
体现广东双碳担当

党的二十大报告提出，要积极稳妥推进碳达峰、碳中和，立足我国能源资源禀赋，坚持先立后破，有计划分步骤实施碳达峰行动，积极参与应对气候变化全球治理。《中共广东省委关于深入推进绿美广东生态建设的决定》提出精准提升森林质量，增强固碳中和功能。持续推动森林质量精准提升，着力构建地带性森林植被。根据区域林相特征，采取精准措施，通过小片连大片，在全省范围内大规模持续改善林相，提升林分质量，集中连片打造功能多样的高质量林分和优美林相，推动森林资源增量、生态增效，增强森林生态系统稳定性和碳汇能力，为实现碳达峰碳中和目标作出积极贡献。

第一节　战略依据

一、国家“双碳”战略

2020 年 9 月，习近平主席在第七十五届联合国大会一般性辩论上发表重要讲话，指出应对气候变化《巴黎协定》代表了全球绿色低碳转型的大方向，是保护地球家园需要采取的最低限度行动，各国必须迈出决定性步伐。提出中国将提高国家自主贡献力度，采取更加有力的政策和措施，二氧化碳排放力争于 2030 年前达到峰值，努力争取 2060 年前实现碳中和。

2021 年 10 月，中共中央、国务院印发《关于完整准确全面贯彻新发展理念做好碳达峰碳中和工作的意见》，提出到 2025 年，森林覆盖率达到 24.1%，森林蓄积量达到 180 亿 m^3，为实现碳达峰、碳中和奠定坚实基础。到 2030 年，森林覆盖率达到 25% 左右，森林蓄积量达到 190 亿 m^3，二氧化碳排放量达到峰值并实现稳中有降。到 2060 年，碳中和目标顺利实现，生态文明建设取得丰硕成果，开创人与自然和谐共生新境界（中国政府网，2021）。

2021 年 10 月，国务院印发《2030 年前碳达峰行动方案的通知》（国发〔2021〕23 号），要求将碳达峰贯穿于经济社会发展全过程和各方面，重点实施“碳达峰十大行动”。其中碳汇能力巩固提升行动，提出坚持系统观念，推进山水林田湖草沙一体化保护和修复，提高生态系统质量和稳定性，提升生态系统碳汇增量（中国政府网，2021）。

二、科学推进国土绿化

2021 年 6 月，国务院办公厅印发《关于科学绿化的指导意见》（国办发〔2021〕19 号），提出统筹推进山水林田湖草沙系统治理，围绕科学、生态、节俭的要求，科学推进国土绿化高质量发展的指导思想和应该遵循的工作原则。明确了科学编制绿化相关规划、合理安排绿化用地、合理利用水资源、科学选择绿化树种草种、规范开展绿化设计施工、科学推进重点区域植被恢复、稳步有序开展退耕还林还草、节俭务实推进城乡绿化、巩固提升绿化质量和成效、创新开展监测评价共 10 条工作措施，以及完善政策机制、健全管理制度、强化科技支撑、加强组织领导共 4 条保障措施。要求全面推行林长制，明确地方领导干部保护发展森林草原资源目标责任。广泛开展宣传教育和舆论引导，弘扬科学绿化理念，倡导节俭务实的绿化风气，树立正确的绿化发展观政绩观，营造科学绿化的良好氛围。

2021 年 12 月，广东省政府办公厅印发《关于科学绿化的实施意见》（粤府办〔2021〕48 号），提出培育健康稳定的高质量森林生态系统，全面提升森林质量和碳汇能力。走科学、生态、节俭的绿化发展之路，增强生态系统功能和生态产品供给能力，提升生态系统碳汇增量，为建设绿美广东提供生态保障。

第二节　战略现状

一、广东森林资源状况

根据国家林业和草原局《2021 中国林草资源及生态状况》公布数据，广东省森林面积 953.29 万 hm^2（全国排名第 9），森林覆盖率 53.03%（全国排名第5），森林蓄积量5.78亿m^3（全国排名第11），乔木林单位面积蓄积量64.99m^3/hm^2（全国排名第22）。

乔木林面积889.54万hm^2，幼龄林451.73万hm^2，占50.78%；中龄林279.02万hm^2，占31.37%；近熟林、成熟林和过熟林合计158.79万hm^2，占17.85%。

部分省份森林资源主要指标

省份	森林面积（万hm^2）		森林覆盖率（%）		森林蓄积量（亿m^3）		乔木林每公顷蓄积量（m^3/hm^2）	
	数量	排名	数量	排名	数量	排名	数量	排名
全国	23063.63	—	24.02	—	194.93	—	95.02	—
广东	953.29	9	53.03	5	5.78	11	64.99	22
福建	807.72	13	65.12	1	8.07	8	121.64	3
广西	1181.30	5	49.7	7	8.60	7	76.93	13
海南	169.47	25	48.26	8	1.55	23	92.64	9
江西	984.50	8	58.97	2	6.63	9	81.94	12
湖南	1123.44	7	53.03	5	5.80	10	62.75	24
浙江	598.91	16	56.64	3	3.78	15	76.17	14

二、广东林业碳汇潜力

2010年，广东作为国家首批低碳试点省份，持续推进应对气候变化工作，2010—2019年，广东省二氧化碳排放总量从整体来看呈上升趋势，从2010年的47238万t增加到2019年的55587万t，增长了17.7%，年均增长1.87%，但单位GDP碳排放下降幅度明显。

根据2002—2017年四期森林资源连续清查统计数据可知，全省森林面积、森林蓄积量、森林碳储量以及森林固碳量等林业碳汇能力因子均呈增长态势，森林碳储量从2002年的1.15亿t增长至2017年的1.89亿t，增加了0.74亿t，增长了64.3%，年均增长4.3%。

根据相关的研究结果表明，广东省平均顶级森林群落的单位面积生物量可达 350t/hm^2 的二氧化碳水平，目前广东省森林的平均单位面积生物量约为 60t/hm^2，因此广东省森林碳汇仍有巨大的增长空间。

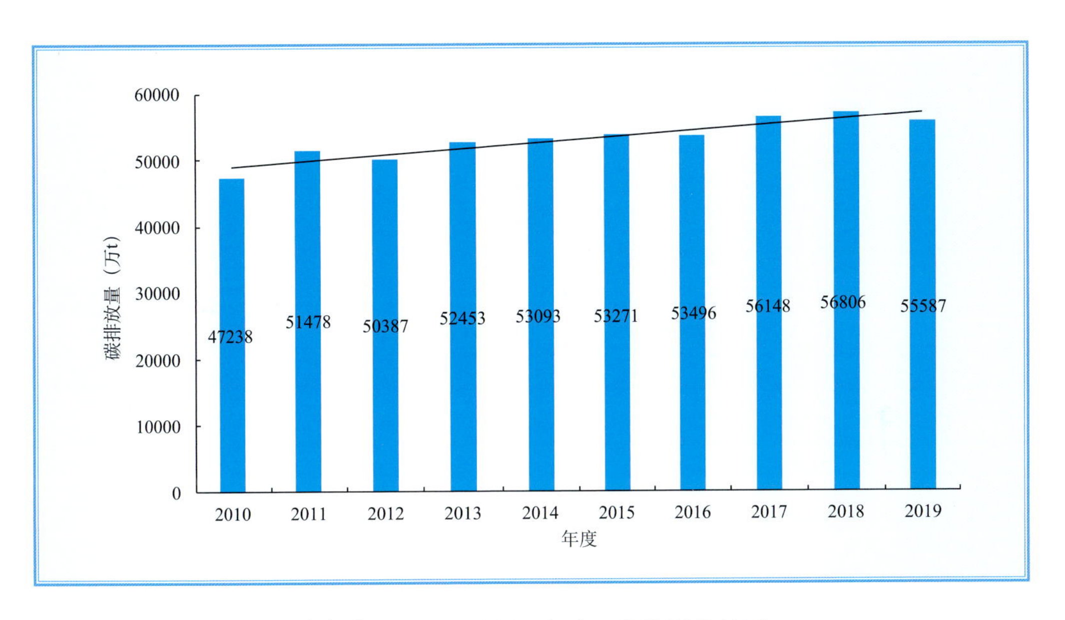

广东省 2010 — 2019 年度二氧化碳排放量

第三节　战略趋势

一、有效增加森林碳汇能力

通过科学开展森林经营提高森林固碳能力（IFM）。在同一自然地理单元，实施区域一体化保护和综合治理，集中连片打造功能多样的高质量林分，增强森林生态系统稳定性和碳汇能力。按照适地适树原则，重点针对低质低效松树纯林、低效桉树纯林、其他低质低效林等精准发力，逐步营建地带性森林植被群落，培育健康优质高效的森林生态系统。通过造林再造林增加森林碳储量（A/R），充分考虑水土资源时空布局和承载能力，科学推进国土绿化，增加森林碳储量总量。加强森林抚育和封山育林，促进中幼林生长，提高林地生产力和森林蓄积量。

二、有效保护减少林草碳排放

通过保护现有森林减少毁林和森林退化的碳排放（REDD）。全面加强天然林保护，持续地全面停止天然林商业性采伐；严格执行林地使用定额管理、林木采伐限额管理；严厉禁止擅自改变林地用途和性质的破坏行为；加强林业灾害防治，减少因灾导致的碳排放，提高森林火灾监测、预警、应急处理能力，全方位遏制包括松材线虫在内的病虫害，有效保护森林资源。

第四节 战略重点

一、实施森林质量精准提升行动，提高生态系统固碳中和能力

（一）评估森林质量精准提升空间适宜性

实施森林质量精准提升行动中，组织开展空间适宜性评估，全面摸清林分优化提升、森林抚育提升空间，评估其森林质量精准提升的适宜性。利用最新的高分辨率遥感影像，结合无人机现场航拍影像，匹配空间坐标，将森林质量精准提升斑块落地上图。

（二）全过程、全周期培育森林资源

选择乡土建群树种，加大乡土树种采种生产、种苗繁育和保障性苗圃建设，加强良种选育和推广，提高良种使用率，提倡使用实生苗。围绕目标树，开展造、抚、营、管全周期经营，精准选培，大力培育大径材，着力培育优质森林资源。

（三）分类施策、系统提升森林质量

以自然山体、小流域为治理单元，在重要水源地、江河两岸、沿海防护地带、交通干道两侧、城镇周边等重要生态区域，因地制宜、分类施策、系统治理，采取人工治理和自然修复相结合的方式，对林地、林分宜造则造、宜改则改、宜抚则抚、宜封则封、宜留则留，对宜林荒山实施全面造林，对低质低效林实施林分改造，对有培育潜力的中幼龄林实施森林抚育。实现一片一片治理，小片连大片，切实有效提高区域整体森林质量。

（四）营建地带性森林植被

按照地带性森林植被树种构成和配置模式，以近自然经营为指导，选择2~3种目的树种、1~2种伴生树种的配置模式，采取人工造林、林分改造、补植套种等森林质量精准提升措施，逐步恢复重建地带性森林群落。

红锥　吊皮锥　闽楠　广东润楠

乐昌含笑　长蕊含笑　格木　杉木

广州市黄埔区慕园村风水林　供图：陈红跃

（五）开展林草碳汇关键技术攻关

开展生态系统碳循环或者碳动态的时空变化格局以及驱动因素、生态系统固碳增汇路径、碳汇量增量模型体系等机理研究。探索森林、湿地、草原等生态系统碳中和潜力评估与实现路径。培育寿命长、生长较快、固碳能力强的乡土阔叶树良种。

二、加强林草资源保护，减少碳库损失

（一）加强林地林木保护利用

强化林地用途管制，实行林地分类管理、分级保护，严格保护重点生态区域林地。严格按照林地保护利用规划管理林地，强化林地规划管控和使用计划约束，节约集约使用林地，提高林地利用效率。加强对林区林木采伐的检查监督，依法查处违法采伐林木案件。加强天然林保护，严管天然林地占用，建立天然林保护修复制度体系，全面停止天然林商业性采伐，继续实施国有天然林停伐和管护补助。减少因林地林木消耗导致的碳排放。

（二）加强森林灾害防控

加强对森林火灾和林业有害生物防控。落实地方人民政府主体责任。开展重大火灾风险隐患排查，严格野外火源管理，提高重点林区路网密度和林火阻隔网密度，加强生物防火林带、防火通道、阻隔带、瞭望塔（台）等森林防灭火基础设施建设。提升林业有害生物监测预警和灾害防控能力。减少因森林灾害导致的碳排放。

（三）减少森林经营碳损失

加强森林经营方案编制与执行，贯彻近自然经营理念，在造林整地过程中尽量减少对原有植被的破坏，禁止全垦和炼山，减少森林精准经营过程中的碳泄漏。尽量使用乡土树种和长寿树种。

三、完善林业碳汇交易机制，提高林业碳汇份额

加强对土地利用及土地利用变化（LULUCF）、森林质量精准提升的碳汇计量监测，掌握森林碳储量动态变化情况，加大林业碳汇项目开发和储备力度，开展项目级的碳汇计量监测。大力完善林业碳汇交易机制，丰富林业碳交易产品，提高林业碳汇在广东碳交易抵消总量中的比例，推动形成以强制性碳交易市场为主体、自愿碳减排市场和碳普惠交易为补充的林业碳汇交易机制。通过完善林草碳汇可测量、可报告、可计量的机制，提升支撑国家清单编制的能力。研究制定林业生态碳汇相关标准，完善林业低碳产品标准标识制度，通过标准化规范化建设提升林业在“双碳”战略中话语权。

新时代新征程

广东林业现代化发展战略研究

第七章

集聚发展生态产业
推动乡村全面振兴

党的二十大报告对于全面推进乡村振兴，指出全面建设社会主义现代化国家，最艰巨最繁重的任务仍然在农村。扎实推动乡村产业、人才、文化、生态、组织振兴，推动林业一、二、三产业融合发展，着力发展特色产业和优势产业，大力发展林下经济，拓宽农民增收致富渠道，建立林业生态产品价值核算体系，推动林业生态产品价值实现，全面推进乡村振兴。

第一节　战略依据

一、乡村振兴战略

2018 年 1 月，中共中央、国务院出台的《关于实施乡村振兴战略的意见》，提出产业兴旺、生态宜居、乡风文明、治理有效、生活富裕的总要求。建立市场化多元化生态补偿机制，加大重点生态功能区转移支付力度，完善生态保护成效与资金分配挂钩的激励约束机制。鼓励地方在重点生态区位推行商品林赎买制度。探索建立生态产品购买、森林碳汇等市场化补偿制度。正确处理开发与保护的关系，将乡村生态优势转化为发展生态经济的优势，提供更多更好的绿色生态产品和服务，促进生态和经济良性循环。加快发展森林草原旅游、河湖湿地观光等产业。创建一批特色生态旅游示范村镇和精品线路，打造绿色生态环保的乡村生态旅游产业链（中国政府网，2018）。

2021 年 4 月，中共中央、国务院出台《关于全面推进乡村振兴加快农业农村现代化的意见》，提出构建现代乡村产业体系，促进木本粮油和林下经济发展，开发休闲农业和乡村旅游精品线路，完善配套设施，推进农村一、二、三产业融合发展示范园和科技示范园区建设，创建现代林业产业示范区（中国政府网，2021）。

二、林草产业高质量发展

2019 年，国家林业和草原局印发《关于促进林草产业高质量发展的指导意见》（林改发〔2019〕14 号），指出森林和草原是重要的可再生资源，合理利用林草资源，是遵循自然规律、实现森林和草原生态系统良性循环与自然资产保值增值的内在要求，是推动产业兴旺、促进农牧民增收致富的有效途径，是深化供给侧结构性改革、满足社会对优质林草产品需求的重要举措，是激发社会力量参与林业和草原生态建设内生动力的必然要求。提出通过增强木材供给能力、推动经济林和花卉产业提质增效、巩固提升林下经济产业发展水平、规范有序发展特种养殖、促进产品加工业升级、大力发展森林生态旅游、积极发展森林康养、培育壮大草产业等重点工作，合理利用林草资源，高质量发展林草产业（中国政府网，2019）。

第二节　战略现状

一、林业产值多年居首但仍有提升空间

全省林业产业总产值连续 13 年居全国首位，2020 年全省林业产业总产值达 8212 亿元。林业产业产值超过 300 亿元的地市共有 7 个，分别是东莞、深圳、佛山、广州、肇庆、江门、中山，7 市林业产业产值合计 5910 亿元，占全省林业产业总产值的 71.97%。

从产业结构看，2020 年，以包括干鲜果品、含油果、茶、中药材以及森林食品等在内的经济林产品、花卉及其他观赏植物种植的第一产业产值为 1264 亿元。以家具制造、造纸和纸制品制造、木本油料、果蔬、茶饮料等加工制造的第二产业产值为 5177 亿元。而以森林旅游、休闲服务、专业技术服务为主体的第三产业产值为 1771 亿元。一、二、三产业占比分别为 15.39%、63.07%、21.57%。

从地区看，珠三角地区林业产业产值为 6302 亿元，占全省林业产业产值的 76.74%；山区韶关、河源、梅州、清远和云浮 5 市林业产业产值为 920 亿元，占全省林业产业产值的 11.20%；东西两翼地区林业产业产值为 990 亿元，占全省林业产业产值的 12.06%。

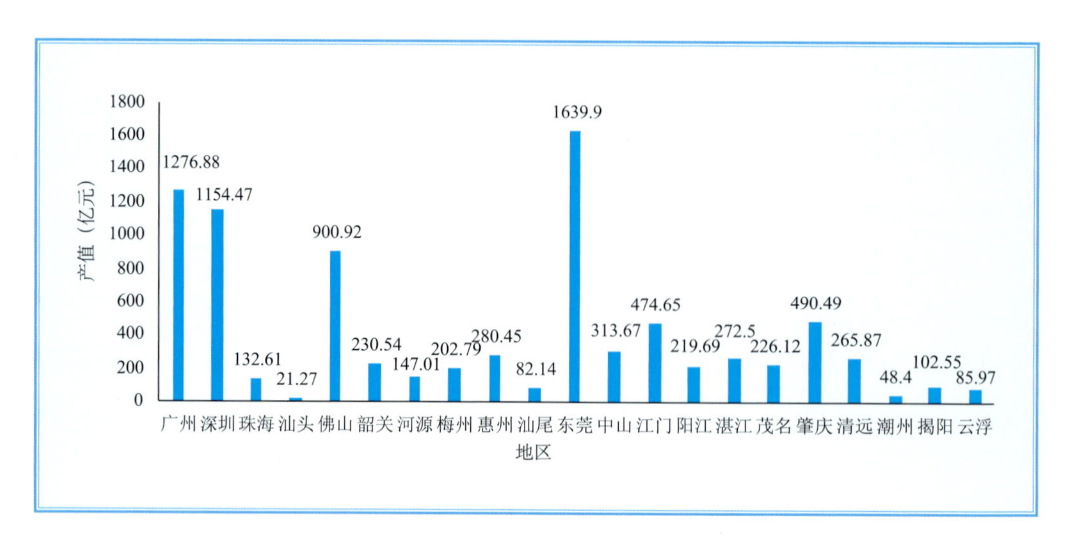

2021 年 21 个地级以上市林业总产值统计

二、林业一、二、三产业发展不平衡

一产生产经营粗放，产品多而不精，产销衔接不紧密，专业化、规模化、集约化和机械化程度较低，部分经济林产品产能过剩，木材供应能力依然不足，木材对外依存度仍然较高。二产亟待生态化、标准化、集群化改造，高污染、高能耗、高排放和经营规模“松、散、小”问题仍然存在，精深加工产品、高附加值林产品不足。三产占比偏小，服务模式单一，单体规模偏小，市场竞争能力和抗风险能力差，亟待规模化多样化发展。林业一、二、三产产业链尚未完全贯通，融合不够。

三、优质林产品和生态产品有效供给不足

优质林产品和生态产品有效供给能力与日益升级的多元化市场需求不匹配，低端供给过剩和高品质供给不足并存。部分产品同质化问题比较严重，市场缺口较大。提供优质林产品和生态产品的资源要素总体不足，未能得到有效开发，产销对接平台欠缺，产品信息不能有效传递给消费者，满足不了高品质生活需求，优质无法实现优价。

第三节　战略趋势

一、林业一、二、三产业融合发展

调整优化林业一、二、三产业结构，逐步提高第三产业占比。做实做稳以森林资源培育为重点的林业第一产业，做大做强以林产品精深加工为重点的林业第二产业，做精做旺以森林生态旅游、森林康养为重点的林业第三产业，推动一、二、三产业融合发展。全面提升森林生态产品和优质林产品供给能力。

二、推进要素集聚和产业集群化发展

培育建设国家级林业产业示范园、林业龙头企业，示范带动，集合各种生产要素，延长产业链，促进生产加工精细化，实现经营集约化、产品系列化、产业一体化发展。推进油茶、中药材、花卉苗木、竹等特色产业基地化、集聚化建设。

第四节　战略重点

一、推动产业集群集聚发展

大力推动一、二、三产业深度融合发展，培育具有广东特色优势特色产业集群，以专精特新带动全产业链发展。

（一）油茶产业集群

以东源县、和平县、龙川县、高州市、兴宁市等全国油茶生产重点县为主，辐射带动发展周边地区的油茶产业集群。支持利用人工商品林地、疏林

地、灌木林地等改培油茶，支持松材线虫病疫区开展松林改培油茶试点。加强油茶良种培育，在油茶适生区内建设一批良种采穗圃（基地）和省级定点保障性苗圃。推动构建以公用品牌为引领，地方区域特色品牌、企业知名品牌相融合的品牌体系。支持以油茶标准化种植基地为依托，打造油茶产业园区，结合森林旅游康养等，推进多元业态融合，实现集中集约发展。

红花油茶

软枝油茶

（二）南药产业集群

扶持博罗、东莞、中山、电白、信宜等地发展沉香产业。扶持梅州发展右旋龙脑（梅片）药用植物产业。扶持阳江、茂名、云浮、肇庆发展春砂仁、巴戟、牛大力、化橘红、肉桂等南药产业。打造连州市玉竹、平远县凉粉草、阳山县溪黄草等南药品牌。提升南药产业科技水平、标准化水平、质量安全水平，建立产品全过程追溯体系，从种植、加工、销售、物流、品牌推广等推动全产业链发展。

毛橘红

春砂仁

梅片树

电白沉香

（三）花卉苗木产业集群

以中山、顺德、普宁、翁源等区域为主辐射带动发展周边地区的花卉苗木产业集群。加强生产要素、土地等政策扶持，建设现代花木产业园，做大花木产业，加大新品种培育力度，举办花木产业大会，建成具有国内国际影响力的花卉苗木培育、交易中心。

（四）竹产业集群

以广宁、怀集、罗定、南雄、仁化、蕉岭、龙门、揭东等县（市、区）为主，辐射带动发展周边地区的竹木培育、竹产业集群。因地制宜科学规划优质竹林发展，推进竹林资源保护培育。积极推进竹产品精深加工转型升级，打造全竹利用体系。引进培育龙头企业，打造产业关联度高、功能互补性强、发展潜力大的竹产业精深加工链条。做大竹材建材产业规模，做强新兴竹科技产业。

（五）红木家具产业集群

依托中山大涌、沙溪和江门新会现有红木家具制造业基础，不断研发提升加工工艺水平，着力培育、壮大优势企业，擦亮行业品牌，推动红木家具行业转型升级，推动红木产业与文化、旅游深度融合，打造规模化、专业化、科技化和现代化的红木家具产业集群。

二、培育新型林业经营主体

实行政府引导、政策扶持、市场运作、林农自愿，培育发展林业专业大户、家庭林场、专业合作社、股份合作社和林业龙头企业等新型林业经营主体。加大新型林业经营主体扶持力度，切实发挥其辐射带动作用，建设林业产业化联合体，扶持林农适度扩大规模经营，推广“龙头企业 + 合作社 + 基地 + 林农”“专业市场 + 合作社 + 林农”“供销社 + 合作社 + 林农”等经营模式，完善新型林业经营主体同林农的利益联结机制。

三、培育壮大林业发展新业态

（一）发展高品质森林康养

科学利用森林资源、景观资源、地热资源、文化资源和林源产品等，建设集森林疗养、森林保健、森林养老、森林休闲、森林游憩、森林度假、森林文化于一体的森林康养综合体，构建内涵丰富、特色鲜明、布局合理的森林康养产业体系，形成特色突出、优势互补的森林康养产业集群，形成多层次、多元化、多类型的森林康养产业格局，推动全省森林康养产业发展规范化、智能化、产业化。依托自然资源禀赋和区位优势，打造博罗森林康养示范县。

（二）发展高品质“森林+”旅游

构建以自然公园为主体，国家公园、自然保护区、山地公园、郊野公园、古树公园、野生动（植）物园等相结合的生态旅游发展体系，加快森林旅游基础设施建设，发展“森林 +”的森林旅游新业态，打造森林旅游精品线路和新兴品牌地，推出一批国际国内一流的森林生态旅游地，建立广东省森林旅游智慧信息服务平台，做好全省林业系统生态旅游游客量数据采集和信息发布。

森林旅游　　供图：广东省林业事务中心

四、创建林业知名品牌

创建具有广东特色、市场竞争力强、认同度高的林业产品优质品牌、著名品牌，建立“粤林＋”特色品牌管理体系。积极推进包括森林经营认证和产销监管链认证在内的森林认证工作。定期公布林业龙头企业名录和知名林产品品牌榜，提升广东林业品牌公信力。建立林产品质量追溯体系，健全林产品质量监管体制。在全省性重大活动中宣传推介林产品，支持林业企业与电商平台合作。

专栏 10　促进林业一、二、三产业融合创新发展

一、发展目标

到 2025 年，森林资源支撑能力显著增强，林业产业结构不断优化，林业产业新业态大量涌现，优质林产品显著增加，林业产业质量效益显著提高，森林旅游、森林康养产业加速发展，多主体、多业态、多模式融合发展，初步形成以推动林业一、二、三产业深度融合为导向、以增加绿色生态产品有效供给为重点、以培育壮大林业龙头企业为支撑的现代林业产业发展体系。力争到"十四五"期末，全省林业产业总产值达到10000亿元以上，进一步做实做稳林业第一产业，做大做强林业第二产业，做精做旺林业第三产业，全面提升森林生态产品和优质林产品供给能力，促进生态增效、产业增值、农民增收，更好满足人民日益增长的美好生活需要，推动我省林业高质量发展。

二、主要任务

（一）实施提质增效工程，促进林业产业持续快速发展。继续深化集体林权制度改革、调整优化林业产业结构、增强森林资源可持续发展能力、巩固提升林下经济产业发展水平、加快发展特色经济林及木本油料产业、大力发展森林生态旅游产业、积极发展森林康养产业。

（二）打造示范引领工程，以龙头带动林业产业集聚发展。建设林业产业示范、加快建设林业优势特色产业发展基地、培育壮大林业龙头企业。

（三）创新产销对接工程，激活林产品市场活力。搭建林产品展示交易平台、加强林产品品牌建设、组织参加林业产业展会。

（四）推进金融支撑工程，拓宽林业融资渠道。进一步推进林权抵押贷款，推动林业经营收益权质押贷款和林权收储，引导更多社会资本投资林业建设，协调金融机构拓宽创新支持林业产业的金融产品，建立多元化林业融资模式。推进生态公益林补偿收益权质押贷款，拓宽生态公益林经营主体融资渠道，支持生态保护和林业发展。完善林业贴息贷款管理机制和森林保险工作。开展"以奖代补"+"信贷"融资模式。

（五）强化科技服务工程，提升林业产业发展保障水平。加强科技创新、强化林业科技成果转化、加强标准化体系建设。

资料来源：《关于促进林业一二三产业融合创新发展的指导意见》（粤林〔2020〕33号）。

第八章

深化改革创新驱动 激发澎湃发展动力

科学技术是第一生产力，创新是引领发展的第一动力。党的二十大报告指出，深入推进改革创新，着力破解深层次体制机制障碍，不断增强社会主义现代化建设的动力和活力。坚持面向世界科技前沿、面向经济主战场、面向国家重大需求、面向人民生命健康，加快实施创新驱动发展战略。在新时代新征程的林业现代化建设中，持续深化改革，持续创新驱动，着力加强核心技术攻坚，激发发展新动力，塑造发展新优势。

第一节　战略依据

一、坚持深化改革开放

党的二十大报告指出坚持深化改革开放，是前进道路上，必须牢牢把握的重大原则之一，要深入推进改革创新，坚定不移扩大开放，着力破解深层次体制机制障碍，不断彰显中国特色社会主义制度优势，不断增强社会主义现代化建设的动力和活力，把我国制度优势更好转化为国家治理效能。在推动绿色发展，促进人与自然和谐共生中提出要深化集体林权制度改革。

2008 年 6 月，中共中央、国务院发出《关于全面推进集体林权制度改革的意见》，提出用 5 年左右时间，基本完成明晰产权、承包到户的集体林权制度改革，实行集体林地家庭承包经营制；规定林地的承包期为 70 年，承包期届满可以按照国家有关规定继续承包。

2022 年，国家林业和草原局向国务院正式报送《深化集体林权制度改革方案》，提出着力完善集体林权制度和政策体系，不断增强集体林区发展活力，更好实现生态美百姓富有机统一。支持开展规模化经营、提高集体林经营效益、实施森林可持续经营、创新生态产品价值实现机制、做好林业管理和服务。

2015 年 3 月，中共中央、国务院印发《国有林场改革方案》，标志着国有林场改革正式启动。提出围绕保护生态、保障职工生活两大目标，推动政事分开、事企分开，实现管护方式创新和监管体制创新，推动林业发展模式由木材生产为主转变为生态修复和建设为主、由利用森林获取经济利益为主转变为保护森林提供生态服务为主，建立有利于保护和发展森林资源、有利于改善生态和民生、有利于增强林业发展活力的国有林场新体制。提出生态功能显著提升、生产生活条件明显改善、管理体制全面创新的总体目标（中国政府网，2015）。

2021 年 8 月，习近平总书记在考察塞罕坝机械林场时明确指示，要在深化国有林场改革、推动绿色发展、增强碳汇能力等方面进行大胆探索，这为国有林场深化改革发展指明了方向。据此，国家林业和草原局提出，国有林场改革需要继续深化，重点推动解决林场发展活力不够和基础设施落后等问题。

二、加快实施创新驱动

党的二十大报告提出加快实施创新驱动发展战略，坚持面向世界科技前沿、面向经济主战场、面向国家重大需求、面向人民生命健康，加快实现高水平科技自立自强。以国家战略需求为导向，集聚力量进行原创性引领性科技攻关，坚决打赢关键核心技术攻坚战。《中共中央关于制定国民经济和社会发展第十四个五年规划和二〇三五年远景目标的建议》提出坚持创新在我国现代化建设全局中的核心地位，把科技自立自强作为国家发展的战略支撑，深入实施创新驱动发展战略，完善国家创新体系，加快建设科技强国。

第二节　战略现状

一、产权制度改革仍有待深化

林业发展体制机制不够灵活，重点领域改革创新效果还不明显。集体林地“三权分置”改革不够深入，流转不够活跃，林地资源碎片化，林农和社会资本经营林地的积极性不高，集体林地生产力尚未充分释放，集体林业综合效益仍然不高，如何打通实现生态美百姓富的“最后一公里”已经成为亟待解决的问题。国有林场发展潜能未能有效挖掘，责权利不统一，发展激励机制缺乏，需要继续深化改革。

二、科技创新动力仍有待增强

科技创新能力不足，重点领域关键技术突破不够，成果转化率低。科研试验基地、推广示范基地较分散，尚未形成集中规模和联动机制。高层次、复合型人才缺乏，尤其缺乏创新性领军人才，基层科技人才分布不均、断层现象明显。林业科技投入总量不足，与林业发展需求不相匹配，体制机制激励性不够强，难以有效发挥科技创新在支撑林业高质量发展中的驱动作用。

第三节　战略趋势

一、深化改革激发活力

高起点深化林业改革，围绕“调整生产关系，促进多方得益，发展生产力，发挥职能作用，强化多重服务”，持续深化集体林权制度改革，完善国有林场改革，以改革促发展，以发展增效益，进一步激发林业发展活力。

二、创新驱动增强动力

以国家重大战略为导向，深入开展林业科学基础研究。围绕现代化发展需求，积极推进林业实用技术研究开发，增加生态建设和林业产业发展的科技供给，促进科技成果转化和推广应用。深化林业科技体制机制改革，激发创新活力，把林业科技创新转化为现实生产力。加强科技人才队伍建设，激发人才创新活力。

第四节　战略重点

一、持续深化集体林权制度改革

加快推进“三权分置”。实行集体林地所有权、承包权、经营权“三权分置”。落实所有权，稳定承包权，放活经营权。发展林业适度规模经营。引导农户通过出租、入股、合作等方式流转林地经营权，充分发挥各类社会化服务组织带动小农户作用，支持采取市场化方式收储分散林权，鼓励探索林权资产折资量化的林票运行机制，鼓励各类企业参与林业投资经营，培育林业规模经营主体，完善林权流转纠纷调处机制。切实加强森林经营。依法依规科学划定公益林和天然林范围，探索建立以森林经营方案为基础的管理制度，探索差异化森林经营补助政策，推行全周期森林经营。保障林木所有权权能，积极支持产业发展。在保护森林资源和生态的前提下，可依法利用公益林的林下资源、林间空地、林缘林地等。探索实施林业碳票制度，实行公益林、商品林分类经营管理，促进林权价值增值，鼓励地方通过租赁、赎买、合作等方式妥善处置重要生态区位内的集体林，维护权利人的合法权益。加大金融支持力度。充分发挥绿色金融引领作用，研究将符合条件的林权交易服务、林产品精深加工等纳入绿色金融支持范围。

二、充分激发国有林场发展活力

推进国有林场林地登记确权，探索实行以国有林场为重点的国有森林资源有偿使用制度改革，建立健全国有森林资源资产管理制度。通过租赁、特许经营等方式积极发展森林康养旅游。建立健全森林经营管理制度，探索建立与森林资源培育质量挂钩的绩效奖励机制。探索大径材培育、中幼林抚育等工程自主设计、施工、监理的运营新模式，提高资源培育质量和资金使用效率。加强森林资源巡护，严格管理国有林地资源，强化国有林场基础建设，推动国有林场高质量发展。支持分区分类探索国有林场经营性收入分配激励机制，引导国有林场与农村集体经济组织和农户联合经营，促进集体林经营水平提升。大力建设省级示范林场，积极创建国家级示范林场。

三、大力创新林业体制机制

创新森林资源培育机制，全面实施“先造林后补贴”机制，探索大径材培育激励机制。创新政策供给机制，完善产权流转制度，推动产权流转，激活经营权交易，改革创新用林政策，改革创新林业税收等扶持政策。创新林业投融资机制，完善林权抵质押贷款制度，推进公益林补偿收益权质押贷款，鼓励银行业金融机构积极推进林权抵押贷款业务，进一步优化森林保险政策制度和工作机制，建立完善以政策性森林保险为基础，商业保险为辅的多层次、多品种森林保险保障体系。建立健全林权收储机制，探索成立国有、混合所有或私营等多种形式的林权收储机构。

四、全力打造现代林业科创高地

（一）创建国家级现代林业科创中心

创建广州国家现代林业科技创新中心，承担林业科技孵化和创新平台建设、管理、运营工作；组织开展林业科技资源要素汇聚、交流、交易等工作；建立科技企业入驻联动平台，开展科技创新、示范引领、成果转化相关的政策创设工作；统筹协调入驻单位科研科技合作和科研成果的申报、管理、评价、转化、服务等工作。

（二）培养林业科技领军人才

深化人才发展机制改革，实施人才培养引进工程，培养中青年后备人才，保持人才队伍创新活力，造就一批在国内外具有影响力的学术领军人才和各学科领域优秀青年科技骨干。针对科研技术难题，广泛实施“揭榜挂帅”，激发全社会创新动能，以最快速度找到方案并破解难题。

（三）建设重点实验室

围绕森林多功能经营、森林康养、岭南特色经济林、木竹材加工、林木遗传育种等领域，建设省部级林业重点实验室。加强和完善森林病虫害生物防治重点实验室建设，支持省内高等院校、科研院所联合申报省部级重点实验室，为自主创新和基础研究提供高水平综合实验平台。

（四）建设长期科研基地

针对林业科学研究具有长期性、继承性、地域性等特点，围绕重大科技攻关以及林业高质量发展对科研基地的要求，根据区域特色，建立完善布局合理的区域性、永久性省级林业长期科研试验基地，根据全省林业种质、科研特点，引导科研院所合理保存资源、开展试验研究；继续加强华南乡土树种、丹霞山生态学和穿山甲保护研究等国家长期科研基地建设，并争取省级基地纳入国家林业长期科研试验示范基地。

新时代新征程

广东林业现代化发展战略研究

第九章

爱绿植绿护绿兴绿
培育生态文明自觉

- 第一节　战略依据
- 第二节　战略现状
- 第三节　战略趋势
- 第四节　战略重点

习近平在参加首都义务植树活动时强调指出，倡导人人爱绿植绿护绿的文明风尚，共同建设人与自然和谐共生的美丽家园。践行习近平生态文明思想，贯彻落实省委绿美广东生态建设决定，实施全民爱绿植绿护绿行动，深入开展全民义务植树活动，挖掘生态文化内涵，繁荣发展生态文化，广泛开展自然教育，培育生态文明自觉，推动大地植绿、心中播绿、全民享绿成为时代新风尚。

第一节　战略依据

一、生态文明建设

党的十八大把生态文明建设纳入中国特色社会主义事业“五位一体”总体布局，提出大力推进生态文明建设，优化国土空间开发格局，全面促进资源节约，加大自然生态系统和环境保护力度，加强生态文明制度建设。十八届五中全会确立了“创新、协调、绿色、开放、共享”的新发展理念。党的十九大将“坚持人与自然和谐共生”作为新时代坚持和发展中国特色社会主义的十四条基本方略之一，提出加快生态文明体制改革，建设美丽中国，要推进绿色发展、着力解决突出环境问题、加大生态系统保护力度、改革生态环境监管体制。党的二十大提出实现中国式现代化，人与自然和谐共生现代化是中国式现代化的本质要求，推动绿色发展，促进人与自然和谐共生，要加快发展方式绿色转型，深入推进环境污染防治，提升生态系统多样性、稳定性、持续性，积极稳妥推进碳达峰碳中和。

2015 年，中共中央、国务院印发《关于加快推进生态文明建设的意见》（中发〔2015〕12 号），提出把生态文明建设放在突出的战略位置，融入经济建设、政治建设、文化建设、社会建设各方面和全过程，协同推进新型工业化、信息化、城镇化、农业现代化和绿色化，以健全生态文明制度体系为重点，优化国土空间开发格局，全面促进资源节约利用，加大自然生态系统和环境保护力度，大力推进绿色发展、循环发展、低碳发展，弘扬生

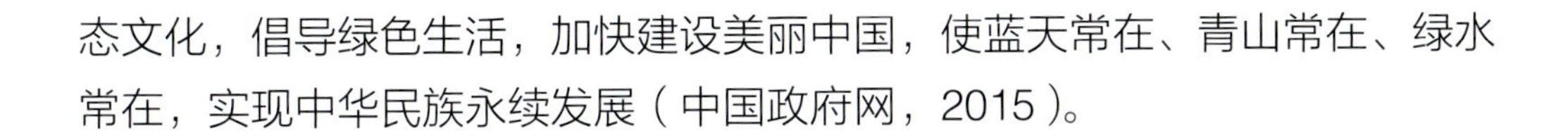

态文化，倡导绿色生活，加快建设美丽中国，使蓝天常在、青山常在、绿水常在，实现中华民族永续发展（中国政府网，2015）。

二、坚定文化自信

坚定中国特色社会主义道路自信、理论自信、制度自信，说到底是要坚定文化自信，文化自信是更基本、更深沉、更持久的力量。2023 年 2 月，在新进中央委员会的委员、候补委员和省部级主要领导干部学习贯彻习近平新时代中国特色社会主义思想和党的二十大精神研讨班开班式上，习近平总书记强调，中国式现代化，深深植根于中华优秀传统文化，体现科学社会主义的先进本质，借鉴吸收一切人类优秀文明成果，代表人类文明进步的发展方向，展现了不同于西方现代化模式的新图景，是一种全新的人类文明形态。在建设人与自然和谐共生的现代化过程中，要用文化的力量助推生态文明建设。

三、全民义务植树

1981 年 12 月，第五届全国人民代表大会第四次会议通过了《关于开展全民义务植树运动的决议》，植树造林、绿化祖国成为每一位适龄公民的法定义务。从此，全民义务植树以其法定性、全民性、义务性和公益性在中华大地蓬勃开展。

2023 年 4 月，习近平在参加首都义务植树活动时强调，我们一起参加植树，就是号召大家都行动起来，既在广袤祖国大地上种下片片绿色，也在广大人民心中播撒绿色种子，共同迎接希望的春天，共同建设美丽中国。要创新组织方式、丰富尽责形式，为广大公众参与义务植树提供更多便利，实现“全年尽责、多样尽责、方便尽责”。让我们积极行动起来，从种树开始，种出属于大家的绿水青山和金山银山，绘出美丽中国的更新画卷。

第二节 战略现状

一、绿色共建如火如荼

植树造林是南粤大地的优良传统，历届省委、省政府高度重视，实施绿美广东生态建设以来，以全民义务植树为载体的绿色共建如火如荼，各级党委、政府、人大、政协组织开展绿美广东义务植树活动，建设省级“互联网 + 全民义务植树”基地，发布“认种一棵树”APP 开展认捐认种，营建“巾帼林”“青年林”“同心林”“企业林”“亲子林”等主题林，一代代广东儿女在这片热土上接续植绿，才有今天的绿色满眼、树木葱茏。

二、自然教育方兴未艾

2014 年，深圳挂牌成立中国第一所自然学校——华侨城湿地自然学校。2019 年成立粤港澳自然教育联盟，举办首届粤港澳自然教育讲坛。2023 年在广州召开的中国自然教育大会上，广东获得“全国自然教育示范省”称号，广州获得“全国自然教育活力城市”称号。目前，广东共认定省级自然教育基地 100 个，公布特色自然教育径 101 条，涌现出从事自然教育的专业社会组织超过 500 家，开展自然教育工作的阵地近 700 个，形成了具有粤港澳特色的自然教育基地体系，广东自然教育蓬勃发展、方兴未艾，走在全国前列。

三、生态宣传蔚然成风

2016 年，在广州举办首届国际森林城市大会和首届亚太城市林业论坛。2018 年，在广州举办全国森林旅游节，在深圳举办全国森林城市建设座谈会。2019 年，高质量参展北京世界园艺博览会，“南粤园”荣获中华展园特等奖、广东室内展区荣获中国省区市展区金奖。连续举办“森林文化周”关注森林活动，开展“世界森林日”“世界湿地日”“寻找广东最美天然林”“穿越北回归线风景带－广东省自然保护地探秘”“爱鸟周”“森林防灭火”等系列活动。打造广州草地音乐节、深圳森林音乐会等生态文化品牌。广东生态文化宣传蔚然成风。

第三节　战略趋势

一、让生态文明理念更加深入人心

以绿美广东生态建设为引领，做习近平生态文明思想的积极传播者和模范践行者，深入践行绿水青山就是金山银山理念，紧紧依托广东省丰富的森林资源、人文资源、景观资源，大力培育和弘扬林业生态文化，谋划推进高水平生态文明建设，促进人与自然和谐发展，满足人民群众日益增长的生态文化需求，让习近平生态文明思想更加深入人心。

二、让爱绿植绿护绿兴绿成为时代新风尚

依靠群众、发动群众、组织群众，全面深入开展全民义务植树活动，丰富义务植树活动形式，广泛开展绿美广东生态建设主题宣传、关注森林活动，营造全社会参与绿美广东生态建设的良好氛围，挖掘绿色生态文化内涵，活化利用森林、湿地、人文资源，开展高品质自然教育，让爱绿植绿护绿兴绿成为时代新风尚。

第四节　战略重点

一、开展形式丰富的全民义务植树

创新组织方式、丰富尽责形式，实现“全年尽责、多样尽责、方便尽

责”。在每年 3.12 植树节等时间节点，举办省、市、县三级林长联动、党政军民学共同参与的全民义务植树活动。大力开展“党建林”“青年林”“巾帼林”“同心林”等主题林建设，建设一批义务植树主题公园。鼓励校友、企业家、社会乡贤等开展“回赠母校一棵树”“回报家乡一片林”活动，鼓励公众开展结婚、生子、升学、入伍等“有喜种树”活动，鼓励公众对古树名木、公园大树等进行冠名或者非冠名认养等方式履行植树义务。深入开展“互联网 + 全民义务植树”，研发应用“粤种树”微信小程序，实现“线上报名、线上捐款、线上发证、线上查看”，建立一批“互联网 + 义务植树”基地，推动更多的“互联网 +”全民义务植树捐资项目落地。

二、开展多姿多彩的生态文化宣传

每年省、市联动举办一次“人与自然和谐共生”高端论坛，由省组织各地级以上市轮流承办。每年全省举办一次全民爱绿植绿护绿学术论坛，邀请省内外知名专家学者，围绕激发公众爱绿意识、引导公众植树绿化、倡导公众爱护生态开展学术研讨。开设绿美广东生态建设党校课程、校园课程和自然教育课程。推动绿美广东生态建设主题宣传，创新线上、线下宣传载体和内容，开发一批具有广东特色的生态文化产品，孵化发展生态文化产业，支持有条件的地市和单位建设智慧化、数字化展厅，实现沉浸式、互动式交流体验，推进文旅融合发展，让公众在潜移默化、精神愉悦中浸润生态文化、培养生态道德。

三、开展深入人心的关注森林活动

聚焦绿美广东生态建设，广泛开展内容丰富、形式多样的关注森林活动，全方位讲好关爱森林、保护生态的广东故事。充分发挥省关注森林活动组委会平台作用，大力提倡成立各级关注森林活动组织，开展公益性主题宣传和调研议政活动。建立关注森林活动社会参与长效机制，搭建人人参与关注森林活动的公益平台。组织开展绿美广东生态建设竞风华活动，营造以赛促建、比学赶超的浓厚氛围，展示广东生态文明建设成效，汇聚各级党委政府、各界人士、广大民众共同推动绿美广东生态建设的磅礴力量。开展关注森林活动知晓率公众调查，提高公众爱绿植绿护绿认知度。提倡在中小学生中每学期开展一天次以上森林生态户外自然教育活动。

四、开展留住乡愁的古树名木保护

全面摸清全省古树名木资源状况，推进重要古树名木视频监控和保护工程建设，加强实时动态管理。严格保护古树名木及其自然生境，对濒危古树名木及时抢救复壮。加强古树名木保护监管，建立健全古树名木分级管护制度，严格查处违法违规迁移、破坏古树名木行为。在城乡建设和城市更新中，充分挖掘古树名木与当地的人文关系，展示古树名木的文化价值，建设独具地域特色的古树名木公园，适当增加基础设施，满足公众对古树名木鉴赏、文化体验、休闲游憩、科普宣教的需求，提高公众保护古树名木意识，促进古树名木与城乡基础设施和谐共存，留住绿美广东乡愁记忆。

红锥古树

五、开展生动活泼的自然科普教育

构建机制科学、体制健全、主题鲜明、竞争力强、全民共享、国内领先的广东特色自然教育体系。活化利用丰富的森林、湿地等自然资源和历史人文资源，以各类自然保护区、自然公园、植物园、树木园等为载体，建立类型多样的自然教育基地、自然教育之家、自然教育径和自然博物馆等场所。深化同香港、澳门合作，集中资源打造国内一流、有国际影响力的粤港澳自然教育特色品牌。突出粤港澳自然教育特色品牌活动引领作用，推动培育更多更好的自然教育品牌活动新模式、新场景。建立自然教育标准，打造一批专业化复合型的自然教育人才队伍。开展林业科普活动，开发更多具有岭南特色的自然教育课程，提高公众生态意识。

自然教育

六、开展美美与共的绿美广东示范点建设

坚持政府引导、林长挂帅、全民参与、共建共享，开展义务植树基地、森林质量提升、景观节点营造、步道、环境整治、科普教育、活化资源、基础设施等建设，打造生态惠民、设计美观、突出特色、永久保留的绿美广东

生态建设示范点，营造更多绿意盎然、勃勃生机的绿美生态空间，让人们贴近自然、亲近自然、走近自然，不断增强人民群众的体验感、获得感、幸福感。

湛江市金牛岛红树林绿美广东生态建设示范点　供图：广东省林业事务中心

河源市新丰江九里湖绿美广东生态建设示范点　供图：广东省林业事务中心

专栏 11　绿美广东生态建设示范点

一、建设意义

2023 年 11 月，广东省委书记黄坤明在省委书记第二十五次专题会议上强调：聚焦示范主题，发挥特色优势，高标准推进示范点建设，充分发挥“样板房”“展示窗”作用，以小切口牵引带动绿美广东生态建设向纵深开展。

二、建设原则

生态为民、突出特色、科学实施、共建共享。

三、选址要求

（一）交通条件。满足群众能够去、方便去的要求，选址原则上应满足距离城镇中心车程约30分钟，或距离主要高速公路出口车程约20分钟的条件。

（二）资源条件。满足群众想要去、愿意去的要求，依托建设载体，选择具有山地景观、森林景观、田园风光、溪流湖泊、滨海湿地的区域，突出生态美感、自然野趣。

（三）规模要求。示范点建设范围可以与建设载体范围包含或交叉。森林公园类、自然保护区类、风景名胜区类的示范点，范围面积原则上要求在1500亩（1亩=666.67 km^2）以上；郊野公园类、山地公园类的示范点，范围面积原则上要求在300亩以上；湿地类、城市公园类、乡村公园类、古树公园类的示范点，范围面积原则上要求在100亩以上。

（四）用地要求。符合法律法规规定和国土空间规划要求，严守耕地、生态等红线，具备永久保留条件。不宜在有地质灾害隐患区域，满足安全生产要求。

四、示范主题

提升绿色品质、拓展绿色空间、发展绿色经济、繁荣绿色文化。

五、建设内容

（一）义务植树基地建设。在适宜的示范点，可选择立地较好的地块，建设全民义务植树基地，种植米径2~3 cm、苗高2~3 m的乡土珍贵树木为主全冠苗，营造连片100亩以上的义务植树活动主题林。

（二）森林质量提升。高质量实施林分优化、森林抚育、大径材培育，提升森林质量。

（三）景观节点营造。营造生态景观和园建景观，提升美感，打造开敞空间。包括生态景观节点、园建景观节点。

（四）步道建设。建设森林步道、休闲步道、健身步道等，串联景观节点，拓展示范点绿色开敞空间。

（五）环境整治。充分利用示范点的各类闲置地、废弃地、边角地等零碎空间和路沿两侧留白增绿、见缝插绿，因地制宜建设小果园、小花园、小公园，保持干净整洁，打造出转角遇景的美好生活小空间。

（六）科普教育。充分利用好示范点本底资源，收集、保护具有代表性植物资源，可建设科普场馆、科普径、科普牌、科普互动设施等，开设形式多样、内容丰富的自然教育课程，开展自然教育和实习实训。

（七）活化资源。打造油茶、竹子、南药、林菌等林产品品牌，活化红色、古色（古树、古村落、古驿道）等文化资源，开发绿美文创产品，开展森林康养、森林旅游等。

（八）基础设施。包括标识设施、休憩设施、体育设施、安全设施和服务设施。

新时代新征程

广东林业现代化发展战略研究

第十章

全面推行林长制
推进治理能力现代化

推进国家治理体系和治理能力现代化，是关系党和国家事业兴旺发达、国家长治久安、人民幸福安康的重大问题。中共中央办公厅、国务院办公厅印发了《关于全面推行林长制的意见》，全面推行林长制，压实地方各级党委和政府保护发展森林草原资源的主体责任。全面推深做实林长制，强化依法治林，加强林业数字化建设，提升治理效能，推进林业治理能力现代化。

第一节　战略依据

一、治理体系和治理能力现代化

2019 年 10 月，党的十九届四中全会审议通过《中共中央关于坚持和完善中国特色社会主义制度、推进国家治理体系和治理能力现代化若干重大问题的决定》，对新时代坚持和完善中国特色社会主义制度，推进国家治理体系和治理能力现代化作出顶层设计和全面部署，提出构建系统完备、科学规范、运行有效的制度体系，加强系统治理、依法治理、综合治理、源头治理，把我国制度优势更好转化为国家治理效能。党的二十大报告把“国家治理体系和治理能力现代化深入推进”作为未来 5 年我国发展的主要目标任务之一。

二、全面依法治国

党的二十大报告提出，全面依法治国是国家治理的一场深刻革命，关系党执政兴国，关系人民幸福安康，关系党和国家长治久安。必须更好发挥法治固根本、稳预期、利长远的保障作用，在法治轨道上全面建设社会主义现代化国家。坚持依法治国、依法执政、依法行政共同推进，坚持法治国家、法治政府、法治社会一体建设，全面推进科学立法、严格执法、公正司法、全民守法，全面推进国家各方面工作法治化。

三、全面推行林长制

2021 年 1 月，中共中央办公厅、国务院办公厅印发《关于全面推行林长制的意见》，提出在全国全面推行林长制，明确地方党政领导干部保护发展森林草原资源目标责任，构建党政同责、属地负责、部门协同、源头治理、全域覆盖的长效机制，加强森林草原资源生态保护、生态修复、灾害防控、监测监管，深化森林草原领域改革，加强基层基础建设（学习强国网，2021）。

第二节　战略现状

一、治理体系有待进一步健全

对标对表林业治理体系现代化要求，森林资源保护目标责任制未能高效落实，尚未形成全社会参与林业发展的合力，林业法律法规、规章制度有待进一步修订完善，林业执法力量有待进一步加强。

二、治理效能有待进一步提高

林业资源保护监管手段相对落后，精细化、精准化、精确化水平不高，应用互联网、大数据、云计算、人工智能等新一代信息技术提升林业治理效能的总体能力不强。

第三节　战略趋势

一、推进“林长制”实现“林长治”

推深做实五级林长制，压实各级林长责任，推动林长抓总，强化网格化管理，着力在制度丰富、运用、执行、转化上下功夫，健全林长制的长效管理机制，进一步完善督查、考核、激励评价体系，科学组织督查考核，强化结果的运用，推动实现以制促治。

二、健全法治体系提高法治水平

进一步完善林业法治体系，充实执法力量，逐步形成执法合力，加强依法监督管理，逐步完善监管机制，强化林草普法宣传，营造良好法治环境。

三、数字赋能提升治理效能

结合数字政府建设，大力建设“感知林业”，加强数据整合利用，建立林业大数据，推进数据共享，实现监管实时化、管理精准化、服务智慧化，全面提升管理效能。

第四节　战略重点

一、全面推深做实林长制

（一）健全林长目标责任制体系

建立健全以党政领导负责制为核心的林业发展责任制体系，压实各级党委和政府的主体责任。督促各级林长履职尽责，落实保护发展和绿美广东生态建设目标责任制，协调解决责任区域内林业发展重点难点问题，推动林长制高效顺畅运行。科学制定森林资源保护、绿美广东生态建设考核指标，加强督检考，推进林长制做深做实。落实党政领导干部生态环境损害责任终身追究制度。

（二）充分发挥五级林长作用

充分发挥省、市、县、镇、村五级林长作用，强化全面推行林长制工作领导小组职责，健全优化林长制体系，设置林长制工作常设机构。通过召开会议、巡林督导、发布林长令等林长履职方式，发挥各级林长推进绿美广东生态建设的牵头抓总作用，调动各方面力量，形成强大合力，全方位、全地域、全过程加强林业生态建设。全面加强各级林业主管部门队伍建设，充实基层执法和护林力量。强化对各级林长责任落实的监督考核。

（三）全力推动资源网格化管理

加强护林员队伍建设及网格化巡护管理工作，建立以县为单位，以乡镇为划分单元的管理网格，推动和完善全省网格化管理应用。根据经济发展水平和人为扰动程度，分类制定网格管护标准。整合现有资源管护、公益林管护、森林防火、自然保护区、森林病虫害防治等人员为网格护林员，鼓励网格护林员年轻化，承担网格资源保护职责。建立网格护林员工作绩效考核机制，增强全省森林资源网格化管理能力。

专栏 12　全面推行林长制

一、总体要求

（一）指导思想。坚持以习近平新时代中国特色社会主义思想为指导，全面贯彻党的十九大和十九届二中、三中、四中、五中全会精神，深入贯彻习近平总书记对广东系列重要讲话和重要指示批示精神，立足新发展阶段，贯彻新发展理念，打造新发展格局战略支点，按照山水林田湖草沙系统治理要求，坚持生态优先、保护为主，绿色发展、生态惠民，问题导向、因地制宜，党委领导、部门联动原则，建立健全我省森林草原资源保护发展责任体系，构建党政同责、属地负责、部门协同、源头治理、全域覆盖的长效机制，加快推进生态文明和美丽广东建设。

（二）目标要求。到2025年，运行机制顺畅的省市县镇村五级林长制组织体系全面建成，高质量的自然保护地体系、国土绿化和生态修复体系、现代林业产业体系、生态文化体系基本建立。到2035年，全面推行林长制成效更加显著，各级林长保护发展森林草原资源目标责任充分落实，林草治理体系和治理能力现代化基本实现，生态系统碳汇增量逐步提升，人民群众生态福祉持续增进，山青林茂景美、生态功能完善、全民护绿享绿的美丽广东基本建成。

二、组织体系

（三）构建五级林长体系。力争到2021年年底，全面建立区域与自然生态系统相结合的省市县镇村五级林长体系。省设立总林长，由省委主要负责同志担任第一总林长、省政府主要负责同志担任总林长；设立副总林长，由省级负责同志担任。市、县（市、区）、乡镇（街道）设立第一林长、林长和副林长，分别由党委、政府主要负责同志和有关负责同志担任。各村（社区）可根据实际情况设立林长和副林长，分别由村（社区）党组织书记、村（居）委会主任和有关委员担任，构建以村级林长、基层监管员、护林员为主体的“一长两员”森林资源源头管护机制。省成立全面推行林长制领导小组，办公室设在省林业局，承担领导小组日常工作。各级林业主管部门承担林长制组织实施的具体工作。

（四）工作职责。各地要综合考虑区域、资源特点和自然生态系统完整性，科学确定林长责任区域。各级林长实行分区（片）负责，组织领导责任区域森林草原资源保护发展工作，落实保护发展森林草原资源目标责任制，组织制定森林草原湿地资源保护发展规划计划，将森林覆盖率、森林蓄积量、草原综合植被盖度、湿地保护率等作为重要指标，因地制宜确定目标任务，推动生态保护修复，维护生物多样性，组织落实森林草原防灭火、重大有害生物防治责任和措施，强化森林草原行业行政执法，协调解决责任区域的重点难点问题。

省总林长负责全省全面推行林长制工作，组织领导全省森林草原资源保护发展工作，对各级林长工作进行总督导。省副总林长负责协助省总林长全面推行林长制，同时作为省级林长负责组织协调解决南岭、鼎湖山、阴那山、罗浮山、云开山、莲花山等重点生态区域的森林草原资源保护发展重点难点问题。

三、主要任务

严格实施森林草原资源监管，高质量开展森林草原资源生态修复，构建以国家公园为主体的自然保护地体系，严格实施森林草原资源灾害防控，创新推进林长制信息化建设，全面深化林业改革，加强基层基础建设。

四、保障措施

加强组织领导，健全保障机制，强化监督参与，严格督导考核。

资料来源：《关于全面推行林长制的实施意见》（粤办发〔2021〕18号）。

二、全面强化依法治林

（一）建立健全法律体系

持续推进森林、湿地、自然保护地、野生动植物保护管理等重点领域立法，建立健全相关规章制度，持续完善林业保护法规制度体系。建立健全林业干部学法用法制度，制定普法责任清单，创新普法形式，提高普法工作实效。

（二）强化林业行政执法

构建全省林业行政执法体系，充实基层执法力量。重点加强县（市、区）林业行政执法机构建设，承担专业性和技术性强、镇街无法承接，或者工作量较小、由县级集中行使成本更低的林业行政执法事项。按照乡镇街道综合行政执法工作要求，着重加强对镇街综合执法涉林事项的指导、协调和监督。强化林业行政执法和司法协同联动，各级林业主管部门加强与公安、生态环境保护、农业农村等部门以及法院、检察院协同配合，加强执法联动，完善行刑衔接制度，强化执法监督，严厉打击各类涉林违法犯罪行为。

三、全面推进林业数字化

依托数字政府一体化平台，加快“感知林业”建设，提升林业保护发展信息化、数字化、智能化水平。完善感知林业基础设施，推进林业天空地人网综合感知和通信能力建设，增强林业生态感知能力，实现全省林业态势“一网感知”。构建感知林业数据体系，推进林业数据治理和数据共享，建设林业大数据中心和林业一体化数据库，实现感知林业建设的“一库承载”。打造林业数据管理平台和林业综合管理平台，以林业政务“一网通办”“一网统管”“一网协同”为目标，将政务服务、业务服务、公共服务等三类业务功能有机连接起来，实现林业管理业务数字化再造，形成林业数字治理新格局、提升林业治理体系和治理能力现代化水平。

参考文献

广东省地方史志编纂委员会. 广东省志·林业志[M].广州：广东人民出版社，1998.

广东省人民政府网.中共广东省委关于深入推进绿美广东生态建设的决定[EB/OL].（2023-02-28）[2023-03-26]. http：//www.gd.gov.cn/gdywdt/gdyw/content/post_4102135.html.

国家林业和草原局政府网. 广东全面推进新一轮绿化广东大行动[EB/OL].（2013-09-02）[2023-03-26]. http：//www.forestry.gov.cn/main/195/content-625489.html.

广东统计局. 广东统计年鉴2022[M]. 北京：中国统计出版社，2022.

广东省自然资源厅网. 广东省第三次全国国土调查土地利用分类面积汇总表（2019年）[EB/OL].（2022-11-07）[2023-03-26].http：//nr.gd.gov.cn/gkmlpt/content/4/4041/mpost_4041860.html#684.

国家林业和草原局政府网. 中国生物多样性保护——广东林业篇[EB/OL].（2020-10-21）[2023-03-26].http：//www.forestry.gov.cn/main/5462/20201021/153001892825386.html.

中国林业科学研究院网.世界林业大会简介.[EB/OL].（2015-08-31）[2023-03-26].http：//www.caf.ac.cn/

王宇飞，刘婧一. 德国近自然林经营的经验及对我国森林经营的启示[J].环境保护，2022，50（18）：63-66.

张卓立，刘丹，李永亮，范亚雄，刘艺欧.美国森林服务管理经验与启示[J].世界林业研究，2022，35（2）：105-110.

彭伟，李想，张慧斌，等. 日本林业发展现状及趋势概述[J]. 国土资源情报，2021（5）：39-45.

徐秀英，吴伟光. 南方集体林地产权制度的历史变迁[J]. 世界林业研究，2004（3）：40-43.

福建省人民政府网. 福建省人民政府关于印发深化生态省建设 打造美

丽福建行动纲要（2021—2035年）的通知[EB/OL].（2022-10-25）[2023-03-26]. http：//www.fujian.gov.cn/zwgk/zxwj/szfwj/202210/t20221025_6023864.htm.
浙江省林业局网.加快推进高质量森林浙江建设 全力打造林业现代化先行省[EB/OL].（2022-05-30）[2023-03-26]. http：//lyj.zj.gov.cn/art/2022/5/30/art_1277845_59032049.html.
广西政协网. 中共广西壮族自治区委员会 广西壮族自治区人民政府关于推进新时代林业高质量发展的意见[EB/OL].（2022-04-21）[2023-03-26]. http：//www.gxzx.gov.cn/html/szdt/40970.html .
广东省人民政府网. 省委、省政府印发意见 构建“一核一带一区”区域发展新格局 促进全省区域协调发展[EB/OL].（2019-07-19）[2023-03-26]. http：//www.gd.gov.cn/gdywdt/gdyw/content/post_2540205.html.
广东省人民政府网. 广东省人民政府关于印发广东省沿海经济带综合发展规划（2017—2030年）的通知[EB/OL].（2017-10-27）[2023-03-26]. http：//www.gd.gov.cn/zwgk/gongbao/2017/34/content/post_3365676.html.
中国政府网. 中共中央 国务院印发《粤港澳大湾区发展规划纲要》[EB/OL].（2019-02-18）[2023-03-26].http：//www.gov.cn/zhengce/2019-02/18/content_5366593.htm?from=groupmessage&isappinstalled=0#1.
广东省人民政府网. 省委、省政府印发关于贯彻落实《粤港澳大湾区发展规划纲要》的实施意见 [EB/OL].（2019-07-05）[2023-03-26].http：//www.gd.gov.cn/gdywdt/gdyw/content/post_2530491.html.
中国政府网. 中共中央 国务院关于支持深圳建设中国特色社会主义先行示范区的意见[EB/OL].（2019-08-08）[2023-03-26].http：//www.gov.cn/xinwen/2019-08/18/content_5422183.htm.
中国政府网. 中共中央办公厅 国务院办公厅印发《关于建立以国家公园为主体的自然保护地体系的指导意见》[EB/OL].（2019-06-26）[2023-03-26]. http：//www.gov.cn/zhengce/2019-06/26/content_5403497.htm.
中国政府网. 中共中央办公厅国务院办公厅印发《建立国家公园体制总

体方案》[EB/OL].（2017-09-26）[2023-03-26].http：//www.gov.cn/zhengce/2017-09/26/content_5227713.htm?from=groupmessage&isappinstalled=0.

中国政府网.中共中央 国务院印发《生态文明体制改革总体方案》[EB/OL].（2015-09-21）[2023-03-26].http：//www.gov.cn/gongbao/content/2015/content_2941157.htm.

中国政府网. 中共中央办公厅 国务院办公厅印发《关于建立健全生态产品价值实现机制的意见》[EB/OL].（2021-04-26）[2023-03-26].http：//www.gov.cn/xinwen/2021-04/26/content_5602763.htm.

中国政府网. 中共中央 国务院关于完整准确全面贯彻新发展理念做好碳达峰碳中和工作的意见[EB/OL].（2021-10-24）[2023-03-26].http：//www.gov.cn/zhengce/2021-10/24/content_5644613.htm.

中国政府网. 国务院关于印发2030年前碳达峰行动方案的通知[EB/OL].（2021-10-26）[2023-03-26].http：//www.gov.cn/zhengce/content/2021-10/26/content_5644984.htm.

中国政府网. 中共中央 国务院关于实施乡村振兴战略的意见[EB/OL].（2018-02-04）[2023-03-26].http：//www.gov.cn/zhengce/2018-02/04/content_5263807.htm.

中国政府网. 中共中央 国务院关于全面推进乡村振兴加快农业农村现代化的意见[EB/OL].（2021-02-21）[2023-03-26].http：//www.gov.cn/xinwen/2021-02/21/content_5588098.htm.

中国政府网. 国家林业和草原局关于促进林草产业高质量发展的指导意见[EB/OL].（2019-02-19）[2023-03-26].http：//www.gov.cn/xinwen/2019-02/19/content_5366730.htm.

中国政府网. 中共中央 国务院印发《国有林场改革方案》和《国有林区改革指导意见》[EB/OL].（2015-03-17）[2023-03-26].http：//www.gov.cn/gongbao/content/2015/content_2838162.htm.

中国政府网. 中共中央 国务院关于加快推进生态文明建设的意见[EB/OL].（2015-05-05）[2023-03-26].http：//www.gov.cn/xinwen/2015-05/05/

content_2857363.htm?from=androidqq.
学习强国网. 中共中央办公厅 国务院办公厅印发《关于全面推行林长制的意见》[EB/OL].（2021-01-12）[2023-03-26].https：//www.xuexi.cn/lgpage/detail/index.html?id=17356982531524499232&item_id=17356982531524499232.
中国自然资源报. 两张“票据”的魔力——福建三明以林权改革和碳汇交易促生态产品价值实现见闻[EB/OL].（2023-08-21）[2023-09-04].https：//www.iziran.net/news.html?aid=3822589.
人民网. 福建三明：“碳票”变“钞票”山城满绿幸福来[EB/OL].（2023-08-22）[2023-09-04].http：//finance.people.com.cn/n1/2023/0822/c1004-40061482.html.

附录 1

中共广东省委关于
深入推进绿美广东生态建设的决定

（2022年12月8日中国共产党广东省第十三届委员会第二次全体会议通过）

为深入贯彻习近平生态文明思想，牢固树立和践行绿水青山就是金山银山的理念，深入推进绿美广东生态建设，推动我省高质量发展，现作出如下决定。

一、总体要求

（一）指导思想

坚持以习近平新时代中国特色社会主义思想为指导，全面贯彻党的二十大精神，深入贯彻习近平总书记对广东系列重要讲话和重要指示精神，坚定不移践行新发展理念，坚持山水林田湖草沙一体化保护和系统治理，全方位、全地域、全过程加强林业生态建设，深入实施绿美广东生态建设“六大行动”，精准提升森林质量，增强固碳中和功能，保护生物多样性，构建绿美广东生态建设新格局，建设高水平城乡一体化绿美环境，推动生态优势转化为发展优势，打造人与自然和谐共生的绿美广东样板，走出新时代绿水青山就是金山银山的广东路径，为我省在全面建设社会主义现代化国家新征程中走在全国前列、创造新的辉煌提供良好生态支撑。

（二）基本原则

——生态优先、绿色发展。坚持尊重自然、顺应自然、保护自然，坚决守住自然生态安全边界，坚定不移走绿色高质量发展之路，推动构建人与自然生命共同体。

——人民至上、增进福祉。坚持以人民为中心的发展思想，增加高质量林业生态产品的有效供给，推动绿美生态服务均等化、普惠化，促进乡村振兴，不断满足人民日益增长的优美生态环境需要。

——求真务实、科学绿化。尊重当地气候条件，科学选择绿化树种，审慎使用外来树种，坚决防止乱砍滥伐，坚决反对“天然大树进城”、“一夜成景”、只搞“奇花异草”等急功近利行为。

——系统谋划、分类推进。坚持系统观念，统筹规划、建设、管理等环节，严守耕地红线，高标准、全方位谋划推进绿美广东生态建设，注重整体与局部相协调，不搞“一刀切”。

——群策群力、久久为功。坚持群众路线，坚持共建共治共享，弘扬塞罕坝精神，创新社会参与绿美广东生态建设制度机制，推动形成全社会人人爱绿、积极植绿、自觉护绿的生动局面，持续提升绿美广东生态质量水平。

（三）目标任务

到 2027 年年底，全省完成林分优化提升 1000 万亩、森林抚育提升 1000 万亩，森林结构明显改善，森林质量持续提高，生物多样性得到有效保护，城乡绿美环境显著优化，绿色惠民利民成效更加突显，全域建成国家森林城市，率先建成国家公园、国家植物园“双园”之省，绿美广东生态建设取得积极进展。

到 2035 年，全省完成林分优化提升 1500 万亩、森林抚育提升 3000 万亩，混交林比例达到 60% 以上，森林结构更加优化，森林单位面积蓄积量大幅度提高，森林生态系统多样性、稳定性、持续性显著增强，多树种、多层次、多色彩的森林植被成为南粤秀美山川的鲜明底色，天蓝、地绿、水清、景美的生态画卷成为广东亮丽名片，绿美生态成为普惠的民生福祉，建成人与自然和谐共生的绿美广东样板。

二、构建绿美广东生态建设新格局

（四）优化绿美广东的空间布局

强化规划引领和空间管控，编制实施国土空间规划，发挥“多规合一”优势，合理安排绿化用地，统筹点、线、面全域推进绿化美化提质增效，筑牢生态安全屏障。全面打造自然保护地和城市绿地体系，推进森林公园、湿地公园、山地公园、风景名胜区、植物园等建设，持续提升点状生态空间质量。全面打造生态廊道，推进优化绿道、碧道、古驿道等建设，持续提升带状生态空间绿化美化水平。

（五）建设陆海统筹的秀美山川

结合全省自然地理空间分布，加强重点区域生态治理。优化提升南岭、莲花山、云开山等主要山脉的森林景观和生态质量。强化东江、西江、北江、韩江、鉴江等主要江河流域，以及重要水源地和大中型水库集雨区水源涵养林、水土保持林建设。推进海岸带保护和沿海防护林体系建设，打造山海相连、蓝绿交织的生态景观，拓展亲山傍海、和谐共生的自然格局，建设通山达海、色彩多样的魅力绿美空间。

（六）打造城乡协同的美丽家园

以森林城市创建和森林城镇、森林乡村建设为载体，因地制宜推进林网、水网、路网“三网”融合，协同构建“林和城相依、林和人相融”的高品质城乡绿美生态环境。坚持以本土物种为主，宜树则树、宜果则果、宜花则花、宜草则草，按照“一条绿化景观路、一处乡村休闲绿地、一个庭院绿化示范点、一片生态景观林”标准，打造推窗见绿、出门见景、记得住乡愁的美丽家园。

三、推进绿美广东生态建设重点任务

（七）实施森林质量精准提升行动

按照适地适树原则，优化重要生态区域低效林的林分结构，持续改善林相，提升林分质量。科学开展森林经营，以自然地理单元和县级行政区域为单位，调整和优化树种林种结构，营造高质高效乡土阔叶混交林，提升森林生态效益。加强森林抚育和封山育林，促进中幼林生长，提高林地生产力和森林蓄积量。实施区域一体化保护和综合治理，集中连片打造功能多样的高质量林分和优美林相，推动森林资源增量、生态增效、景观增色，增强森林生态系统稳定性和碳汇能力。

（八）实施城乡一体绿美提升行动

全域创建国家森林城市，提升珠三角森林城市群建设水平，加快创建汕潮揭、湛茂阳森林城市群。持续提升山边、水边、路边、镇村边、景区边“五边”绿化美化品质，深入开展“四旁”植绿活动，推进留白增绿、拆违建绿、见缝插绿，加强立体绿化美化，建设公共绿地和美丽庭院。开展历史遗留矿山生态修复，让山体重披绿装、重展绿颜。依托城乡特色景观禀赋，挖掘历史文化资源，建设森林城镇、森林乡村和绿美古树乡村、绿美红色乡村等，营造“城在林中、路在绿中、房在园中、人在景中”的绿美城乡人居环境。

（九）实施绿美保护地提升行动

持续强化就地与迁地保护，全力创建南岭国家公园、丹霞山国家公园，推动南岭自然生态系统保护与修复，加强森林生态景观营造，打造多彩岭南山地，建设一批示范性自然保护区、森林公园和山地公园、郊野公园。高标准建设华南国家植物园，打造彰显中国特色、世界一流、万物和谐的国家绿色名片，支持有条件的市县建设植物园、树木园。高水平建设深圳“国际红树林中心”，加快红树林营造修复，建设万亩级红树林示范区，全面提升红树林等湿地生态系统质量和服务功能。

（十）实施绿色通道品质提升行动

在高速公路、高速铁路、国省道等主要通道两侧山体，营建森林景观带，增强森林生态功能。提升绿道、碧道、古驿道森林景观，建设森林步道，推动邻近的古村落、历史遗迹、自然公园等串珠成链，让森林融入城乡，让人们贴近自然。以生态化海堤、滨海湿地、魅力沙滩、美丽海湾、活力人居海岸线建设为重点，打造滨海绿美景观带，畅通山海相连的林廊绿道。

（十一）实施古树名木保护提升行动

推进重要古树名木视频监控和保护工程建设，开展古树名木资源监测调查，加强实时动态管理。强化古树群保护，推进古树公园建设，严格保护古树名木及其自然生境，对濒危古树名木及时抢救复壮。建立健全古树名木分级管护制度，严格查处违法违规迁移、破坏古树名木行为。在城乡建设和城市更新中，最大限度避让古树名木，促进古树名木与城乡基础设施和谐共存，留住绿美广东乡愁记忆。

（十二）实施全民爱绿植绿护绿行动

坚持依靠群众、发动群众、组织群众，全面深入开展全民义务植树活动，充分发挥各级党政机关、群团组织、企事业单位等的表率作用，积极调动社会组织和志愿者力量，营造“青年林”“巾帼林”等主题林。创新全民义务植树尽责形式，完善义务植树网络平台，拓宽“认种、认养、认捐”渠道，建立一批“互联网 + 义务植树”基地，打通义务植树“最后一公里”。广泛开展关注森林活动，营造全社会参与绿美广东生态建设的良好氛围。

四、发挥绿美广东生态建设综合效益

（十三）提高绿美广东的经济效益

促进林业一、二、三产业融合发展，重点推动油茶、竹子、中药材、花卉苗木、经济林果等优势特色产业发展，大力发展林下经济，提高林地产出率，向森林要食物、要蛋白，促进乡村产业振兴、农民增收致富。加快培育新型林业经营主体，做大做强林业龙头企业，打造林业产业集群，建设现代化林业产业体系。持续推进林产品品牌建设，打造“粤林 +”特色品牌。搭建林产品交易平台，提升优质林产品经济价值。建立林业生态产品价值核算体系，推动林业生态产品价值实现。

（十四）增强绿美广东的社会效益

充分发挥森林固碳储碳作用，增强“双碳”服务功能。完善林业碳汇交易机制，加大林业碳汇项目开发和储备力度，探索提高林业碳汇在广东碳交易抵消总量中的比例。科学利用林地资源和森林景观，大力发展森林旅游、森林康养等新业态，增加优质森林生态产品供给，增进生态民生福祉。加大生态保护补偿力度，适时调整公益林补偿标准，健全自然保护地生态补偿制度，探索建立天然林生态补偿制度。

（十五）挖掘绿美广东的文化价值

深入挖掘绿色生态产品文化内涵，繁荣发展生态文化，推进文旅融合发展，开发一批具有广东特色的生态文化产品，孵化发展生态文化产业。活化利用丰富的森林、湿地等自然资源和历史人文资源，建设高品质的自然教育基地、自然博物馆等，打造粤港澳自然教育特色品牌。加快构建广东特色生态文化传播体系，讲好人与自然和谐共生的中国故事、大湾区故事、广东故事。

五、提升绿美广东生态建设治理水平

（十六）全面落实林长制

压实各级党委和政府保护发展森林资源的主体责任，强化各级林长森林资源保护发展目标责任制考核，落实党政领导干部生态环境损害责任终身追究制度，构建党政同责、属地负责、部门协同、源头治理、全域覆盖的长效机制。充分发挥省市县镇村五级林长体系作用，全面加强各级林业主管部门队伍建设，充实基层执法和护林力量，增强全省森林资源网格化管理能力。

（十七）深化集体林权制度改革

深入推进集体林地所有权、承包权、经营权“三权分置”改革，推进林业产权确权、登记、监管、流转、定价、抵（质）押等工作。探索建立林权收储机构，大力发展国家储备林。健全林权登记与林业管理信息互通共享机制，完善林权交易服务体系，提高林业综合管理效率。

（十八）创新造林绿化机制

完善造林激励政策，创新林木采伐管理机制，建立健全造抚一体、造采挂钩的森林资源培育和管理制度。鼓励社会资本参与绿美广东生态建设。持续推进以奖代补、先造后补、以工代赈，完善造林项目管护机制。

（十九）强化资源保护监管

严格落实生态保护红线管控制度，加强森林督查、巡护，强化林地使用和林木采伐监管。推动天然林保护与公益林管理并轨。加强林业领域生物安全风险防控，健全有害生物监测预防体系，加大松材线虫病及外来入侵物种防治力度。推进森林防火基础设施建设，健全森林防灭火责任、组织、管理、保障体系。持续完善林业保护法规制度体系，强化林业行政执法和司法协同联动，严厉打击破坏森林和野生动植物资源的违法犯罪行为。

六、组织保障

（二十）加强党的领导

坚持把党的领导贯穿绿美广东生态建设全过程各方面。各级党委和政府要加强统筹协调，定期听取工作汇报，及时研究解决重大问题，明确任务分工，强化督促落实。各级绿化委员会要充分发挥协调指导作用，各级林业主管部门要牵头推动绿美广东生态建设各项任务落地见效，各有关部门要各司其职、互相配合，细化落实举措，形成全省上下联动、协同推进绿美广东生态建设的工作格局。

（二十一）强化政策支持

加大各级财政资金统筹力度，加强绿美广东生态建设资金保障。创新林业投融资机制，鼓励开发符合林业生产特点的金融产品，积极推动政策性银行贷款支持林业生态建设。大力推广林业特色险种。完善产权激励、资源利用、金融等政策，落实国家有关税收政策，建立健全社会资本参与绿美广东生态建设机制。

（二十二）强化科技支撑

加强生态保护、绿色产业领域科技创新，重点突破林木良种选育、乡土珍贵树种扩繁、森林质量提升、生态修复、有害生物防控、林草智能装备研发等关键技术。强化科技成果转化、科技示范推广和标准实施应用，积极推广实用、高效、便捷的绿化机械。依托数字政府一体化平台，加快“感知林业”建设，提升森林资源保护发展信息化、数字化、智能化水平。

（二十三）注重宣传引导

深入宣传习近平生态文明思想，弘扬生态文明理念，普及绿色发展科学知识，倡导爱护生态、崇尚自然、绿色消费的生产生活方式。广泛开展绿美广东专题宣传活动，培养一批宣讲志愿者，推动大地植绿、心中播绿、全民享绿成为时代新风尚。

附录 2

绿美广东生态建设六大行动方案

广东省森林质量精准提升行动方案
（2023—2035 年）

森林是陆地生态系统的主体，是生态文明建设的基础，是水库、钱库、粮库、碳库，关乎国家生态安全，关系民生福祉。实施林分优化林相改善，提升森林质量，推进绿化、美化、生态化建设，打造人与自然和谐共生的广东样板，是新时代广东林业生态建设新征程上的新要求。为贯彻落实省委、省政府关于深入推进绿美广东生态建设的决策部署，科学有序推进森林质量精准提升行动工作，制定方案如下。

一、建设意义

（一）精准提升森林质量是贯彻落实习近平生态文明思想的重要举措

加大生态保护修复力度，精准提升森林质量，改善生态环境质量，提供更多优质生态产品满足人民日益增长的优美生态环境需求，是生态文明建设的应有之义。习近平总书记在中央财经领导小组第十二次会议以及多次参加义务植树活动时均强调，要开展大规模国土绿化行动，提高森林质量，推动国土绿化高质量发展。

（二）精准提升森林质量是贯彻落实党的二十大精神的重要行动

党的二十大报告指出，要加快实施重要生态系统保护和修复重大工程，科学开展大规模国土绿化行动，实施生物多样性保护重大工程，提升生态系统多样性、稳定性、持续性。

（三）精准提升森林质量是深入推进绿美广东生态建设的重要内容

《中共广东省委关于深入推进绿美广东生态建设的决定》提出推进绿美广东生态建设重点任务，实施森林质量精准提升行动，优化林分结构，持续改善林相，提升林分质量。并明确提出到 2027 年年底全省完成林分优化提升 1000 万亩、森林抚育提升 1000 万亩的任务目标。

（四）精准提升森林质量是打造人与自然和谐共生现代化广东样板的重要基础

实施林分优化，提升森林质量，改善林相景观，培育稳定健康优质高效的森林生态系统，让自然美景永驻人间，还自然以宁静、和谐、美丽，有助于广东率先实现人与自然和谐共生现代化。

二、总体要求

（一）指导思想

坚持以习近平新时代中国特色社会主义思想为指导，全面贯彻党的二十大精神，深入贯彻习近平总书记对广东系列重要讲话和重要指示精神，认真践行习近平生态文明思想，以满足人民日益增长的美好生活需要为目的，高标准推进绿美广东生态建设，实施森林质量精准提升，逐步恢复地带性森林群落，推进森林绿化、美化、生态化建设，全面构建生态网络，加强生物多样性保护，提升森林生态系统多样性、稳定性、持续性，建设南粤秀美山川，打造人与自然和谐共生的广东样板，走出新时代绿水青山就是金山银山的广东路径，为我省在全面建设社会主义现代化国家新征程中走在全国前列、创造新的辉煌提供强有力的生态支撑。

（二）基本原则

1. 坚持统筹兼顾、科学谋划。着眼国际视野、中国特色，科学分析广东森林现状基底，尊重自然、顺应自然、保护自然，统筹考虑生态合理性和经济可行性，遵循森林群落自然演替规律，兼顾群众利益，从实际出发，先急后缓，稳妥推进。

2. 坚持因地制宜、分类施策。根据立地、水肥条件，结合区域主导功能、生态区位及森林类型，以问题为导向，采取人为适度干预和自然恢复相结合的综合技术措施，宜改则改、宜封则封、宜抚则抚，统筹安排，分类施策。

3. 坚持质量优先、务求实效。充分利用当地资源，在现有绿化成果上进行优化，在现有林相基础上进行提升，多做“加法”少做“减法”，坚决防止乱砍滥伐。坚定不移走高质量发展之路，求真务实，真抓实干，精准施策，加强监管。逐步提高工程建设投资标准，坚持高标准、高投入，培育稳定健康高效的森林生态系统。

4. 坚持政府主导、群策群力。充分发挥政府主导作用和市场资源配置作用，深化集体林权制度改革，创新投融资、采伐限额等体制机制，完善造林激励政策，调动社会力量参与森林质量精准提升的积极性。

（三）目标任务

2023—2035 年，全省完成森林质量精准提升总任务 4626 万亩，其中林分优化提升 1565 万亩，森林抚育提升 3061 万亩。

前期 2023—2027 年，全省完成林分优化提升 1000 万亩，森林抚育提升 1000 万亩；至 2027 年年底，全省森林结构明显改善，森林质量持续提高，林分优化提升成效初现。

后期 2028—2035 年，完成林分优化提升 565 万亩，森林抚育提升 2061 万亩；至 2035 年，全省森林质量得到大幅度提升，森林结构更加优化，混交林比例达 60% 以上，单位面积森林生物量增量及碳汇能力进入全国前列，森林生态系统多样性、稳定性、持续性显著增强，生态网络系统基本构建，城乡人居环境优美，多树种、多层次的地带性森林群落成为南粤秀美山川的靓丽底色。

总任务 4626 万亩，按提升对象分：

1. 林分优化提升 1565 万亩，其中：人工造林 60 万亩；低质低效松树纯林优化提升 609 万亩；低质低效桉树纯林优化提升 490 万亩；其他低质低效林分优化提升 106 万亩；自然保护地林分优化提升 100 万亩；油茶新造 100 万亩，与优化提升任务重合；针阔混交林封育改造 200 万亩。

2. 森林抚育 3061 万亩，其中油茶低改 100 万亩。

三、建设内容

以自然山脉、水系为治理单元，统筹山水林田湖草沙一体化保护和修复，采取人工修复和自然恢复相结合的综合措施，把森林质量精准提升与松材线虫病防治、林业产业发展相结合，开展区域系统治理。

（一）优化提升对象

1. 林分优化提升。对适宜造林绿化空间进行人工造林，对低质低效及受松材线虫病危害的松树林、低质低效桉树林、其他低质低效林、自然保护地内分布不合理的林分等进行优化提升，对有培育潜力的阔叶幼林进行封山育林，优化提升林分质量。

2. 森林抚育提升。对立地条件较好，乡土阔叶树或杉木总体生长状况尚好的中幼林进行抚育，培育大径材林；对低产毛竹林和低产油茶林进行低改抚育，培育高产竹林和油茶林。

（二）建设目标类型

1. 水源涵养林。对重要水源保护地、饮用水源一级保护区、大中型水库与湖泊周围山地，主要干流和一级支流两岸山地自然地形第一层山脊以内或平地 1km 以内的适宜造林绿化空间和低质低效林分进行连片的林分优化林相改善，增强森林植被的水源涵养能力。

2. 绿色通道林。对主要高速公路、铁路、国（省）道两侧山地的 1km 可视范围林地内的适宜造林绿化空间和低质低效林分进行优化提升，坚持绿色为主、景观辅之，营建多树种、多效益、多层次、多功能的森林景观带，全面展示广东森林植被的区域景观特色。

3. 沿海防护林。包括沿海基干林带和纵深防护林范围内的适宜造林绿化空间和低质低效林。对因台风、风暴潮等自然灾害受损的基干林带进行修复；对老化、郁闭度低的基干林带实施更新改造；对纵深防护林范围内的低质低效林分，采取树种更替、补植套种、林分抚育等营林措施进行改造。在强化防护功能的同时，适当搭配景观树种，并与沿岸重要生态节点、生态廊道联通融合，形成功能完善、景色优美的滨海绿美景观带，畅通山海相连的林廊绿道。

4. 生态风景林。以市、县、镇（乡）中心城区外围第一重山的适宜造林绿化空间和低质低效林分为优化重点，改种具有观叶、观花、品香的乡土阔叶树种和珍贵树种，注重乔灌草相结合，培育阔叶混交林，建设环城森林生态屏障，构建稳固的大面积林相景观斑块，提升人居生态环境品质，促进城乡绿化均衡发展，满足人民对美好生态环境的需求。

5. 自然保护区林。重点对自然保护地内分布不合理的林分进行改造优化。师法自然，模仿周边地带性植被群落的树种组成进行重新构建，提升自然保护地生物多样性、景观协调性和自然生态系统的完整性。

6. 油茶林。将商品林中的低质低效桉树纯林、松树纯林改造成油茶林，重点布局在河源、梅州、韶关、肇庆、茂名、清远等地，新建高产油茶林示范基地。从现有油茶林中，筛选有培育前途的，进行低改抚育，培育高产油茶基地。

7. 特色商品林。结合大径材基地建设和国家储备林建设，在交通便利、立地条件较好的地块集中建设珍贵阔叶树种大径材林、速生乡土树种大径材林，提高林地利用效率，提高林分质量和经济价值。结合林业产业基地建设，在阳光充足、土壤肥力较好的地块培育竹林、名优特经济林等，发展竹、特色林果和林草中药材等产业。此类型整合在上述六种类型当中。

（三）主要技术措施

1. 人工造林。在适宜造林绿化空间进行人工造林。公益林地选择稳定性好、抗逆性强、生态和经济效益好的优良乡土阔叶树种，营造阔叶混交林，商品林地引导营建阔叶混交林、杉阔混交林。每亩种植 74 株以上。

2. 全面优化。对低质低效林分采取全面改造的方式进行优化。清理原有林木，尽量保留原林分中的乡土阔叶树和珍贵树种。采伐后，禁止种植桉树和松树，公益林地要求营造多树种组成的阔叶混交林，商品林地引导营建阔叶混交林或杉阔混交林，每亩种植 74 株以上。

3. 块状优化。对低质低效林分采取块状改造的方式进行优化。块状优化采伐强度每次不低于原林分面积的 1/3，每块面积不大于 100 亩。采伐后，营造多树种组成的阔叶混交林，每亩种植 74 株以上。

4. 带状优化。对低质低效林分采取带状改造的方式进行优化。带状采伐宽度控制在 30m，保留 30~60m 的间隔带。采伐后，营造多树种组成的阔叶混交林，每亩种植 56 株以上。

5. 林窗优化。对低质低效松树林、其他低质低效林采取林窗优化方式，保留原有阔叶树，清除生长退化林木，在林中空地补植乡土阔叶树种，每亩补植 30 株以上，补植后，阔叶树种株数达到每亩 56 株以上。

6. 森林抚育。优势树种为其他软阔、其他硬阔、针阔混、阔叶混、杉木等林分的幼龄林和中龄林，通过采取修枝、割灌除草、施肥、补植、抚育伐等措施，调整林分生长空间，促进林分生长发育。经过多次精准选培后，在目的树种中选定目标树，伐除非目标树和辅助树，目标树和上层林木最终控制在 30~50 株 / 亩。通过抚育、目标树选留、经营管理等技术措施，达到大径材林培育目标。

商品林的人工造林和低质低效林分优化，可因地制宜发展油茶林或竹林，造林及抚育技术措施按照相关的文件执行。

（四）树种选择配置

公益林树种配置以地带性森林植被群落为参考，选择生长健壮、抗性强、景观效果好的乡土阔叶树种，以重建地带性森林群落为导向，根据不同区域选择相应的建群树种、珍贵树种、景观树种和特色树种进行树种搭配。在树种选择方面要考虑不同植物在不同气候带的适应性，在树种配置方面要兼顾森林生态服务的主导功能。

商品林树种配置应突出培育目标和主导功能，培育优质高产林分，推行“珍贵树种 +”的模式，珍贵树种每亩不少于 30 株，合理配置木本油料、木本药材和用材树种，油茶林采取国家主推主荐的品种配置方式种植。

四、工作措施

（一）分解任务落实用地

结合各地实际情况和资源调查数据，在科学评估的基础上，层层分解任务，精细管理，保证任务按年度按县（区）扎实落地。深化集体林权制度改革，推进集体林地所有权、承包权、经营权“三权分置”，完善林业规模经营机制，着力解决造林找地难、经营权分散、经营积极性不高的问题。按照国家储备林建设方式，以国有林场为主体，探索成立林权收储机构，鼓励和引导农户采取出租、转包、合作、入股等方式流转林地经营权和林木所有权，探索建立龙头企业、合作社、农户、职工的多种利益联结机制，推行“龙头企业 + 合作组织 + 基地 + 农户”产业化运作模式，推动林业规模化、集约化、专业化发展。

（二）建立多元投入渠道

积极争取中央资金支持，争取将我省作为国家森林质量精准提升试点示范省，争取山水林田湖草沙一体化修复项目、国土绿化试点示范项目以及重要生态系统保护和修复重大工程总体规划项目。充分发挥省级财政资金统筹优势，在涉农整合资金中单列森林质量精准提升专项。鼓励各地在严控地方政府隐性债务的前提下，根据资源禀赋和发展实际，通过与社会资本合作、社会资本投资、林权抵押融资、土地流转、合作分成、入股经营等形式，采取市场化运作或政府特许经营的方式，促进社会多元主体参与森林质量精准提升行动。对鼓励和支持社会资本参与生态保护修复工作开展较好的地区，在申报中央及省级自然资源生态修复资金时予以重点倾斜支持。

（三）创新造林绿化机制

完善造林激励政策，鼓励社会资本参与森林质量精准提升，持续推进以奖代补、先造后补、以工代赈，完善造林项目管护机制。出台鼓励和支持社会资本参与造林的指导措施，对以林草地修复为主的项目，修复面积达到500亩以上，生态保护修复主体可在项目区内利用不超过修复面积3%、不超过30亩的建设用地从事生态产业开发。参与生态修复的企业、个人及项目，符合相关条件的，可享受资金、税收、金融优惠政策。创新林木采伐管理机制，建立健全造抚一体、造采挂钩的森林资源培育和管理制度，充分利用采伐指标的调控作用，对按林分优化技术要求的经营者给予指标奖励，调动经营主体林分优化积极性。积极向国家申请更新伐指标，保障林分优化更新采伐需求，将松材线虫病疫木处置列为应急性采伐，优先保障采伐限额，不足部分由省统筹指标解决。对林分优化林相改善实施效果好的县（市、区），省林业局对其林地定额给予适当倾斜。

（四）订单育苗定向供苗

依托现有的良种基地和保障性苗圃，推广使用良种，实行订单育苗、定向供苗，为林分优化提供高规格的苗木。严格执行苗木生产规程，实行采种、播种、培植、分级、出圃全流程标准化管理，落实“两证一签一说明”制度，加强种苗质量监管，开展种苗质量抽检和“双随机一公开”检查工作，对苗高、地径要明确规格，确保良种壮苗上山。

（五）发挥示范建设作用

充分发挥示范建设引领作用，积极与省内涉林高等院校、科研院所建立合作机制，开展林分优化、森林抚育经营模式示范建设。充分发挥国有林场在苗木培育、科学造林、混交化改造、资源培育及先进技术应用推广等方面的示范带动作用，打造森林质量精准提升的广东样板。省属国有林场和市属国有林场率先建立集中连片、大面积的示范基地，县属国有林场有序推进。鼓励国有林场通过开展场外租赁经营、合作经营等方式，形成股份制经营主体，拓展国有林场经营范围和规模。

五、投资估算

略。

六、保障措施

（一）加强组织领导

各级党委政府要将森林质量精准提升工程作为建设生态文明和美丽广东、夯实生态基础设施的重要内容，纳入当地经济和社会发展规划。建立奖惩激励机制，对超额完成任务的地方和单位，按照有关规定予以表彰奖励，对任务完成滞缓的地方和单位，及时给予约谈。突出森林质量精准提升工作在党政领导干部考核评价中的权重，将森林质量精准提升纳入林长制考核范畴，未完成任务的，林长制考核不得评为优良。组织各地领导干部在重点区位带头兴办示范点，典型带动、示范推广。

（二）强化科技支撑

加强优良乡土阔叶树种和珍贵树种良种选育、生态脆弱区稳定生物群落构建、有害生物防控等关键技术攻关，加大林分优化工程中机械化技术与装备的研发推广力度，提升科学经营水平，提高试点示范成效。通过建立科技示范基地等形式，开展新技术、新品种试验示范，加快科技成果转化。充分利用现代化技术手段，加强森林质量精准提升工程实施成效的监测和评估。

（三）加强人才培养

重视人才资源，从完善机制、优化环境方面着手加强人才队伍建设，用心用力将各方面优秀人才集聚到绿美广东事业中来。建立健全人才评价、流动、激励机制，充分调动用人单位和各类人才积极性。有针对性地搭建人才跟踪培养、成长历练的平台，有计划地安排优秀人才到基层林业一线锻炼，推动优秀人才在生产一线磨炼意志、增长才干。切实加强基层林业机构建设，广泛开展技术培训、科技下乡等科技服务活动，培养一批基层林业技术骨干。

（四）加强宣传引导

森林质量精准提升工程规模大、任务艰巨，需要调动社会各方面参与。要充分利用广播、电台、网络、报纸等一切新闻媒体提高宣传力度，把林分优化林相提升的重要性和紧迫性进行广泛深入的宣传，使“提升质量、改善生态”的观念深入民心。动员全社会力量，调动一切积极因素，推动林分优化林相改善的全面开展，确保项目的顺利实施。

广东省城乡一体绿美提升行动方
（2023—2035 年）

为贯彻落实《中共广东省委关于深入推进绿美广东生态建设的决定》，科学有序推进城乡一体绿美提升行动，扩大生态空间，增加生态福祉，打造城乡协同的美丽家园，制定本行动方案。

一、建设意义

（一）贯彻落实习近平生态文明思想的重要举措

良好的生态环境是最公平的公共产品，是最普惠的民生福祉。开展城乡一体绿美提升行动，统筹城乡绿化建设，增加森林植被，提升绿化品质，丰富生态产品供给，满足人民群众日益增长的优美生态环境需要，是新时期我省贯彻落实习近平生态文明思想的重要举措。

（二）推进广东高质量发展的生态支撑

以城乡一体绿美提升行动为抓手，充分发挥林业的经济功能、社会功能、文化功能，突显绿美广东生态建设在实施“百县千镇万村高质量发展工程”促进城乡区域协调发展中的独特作用，把生态优势转变为发展优势，促进“生产、生活、生态”三生融合，为我省高质量发展提供良好生态支撑。

（三）推动生态共建共享共治的重要载体

在乡村振兴和粤港澳大湾区两大国家战略背景下，通过政府积极推动、社会广泛参与的国家森林城市、国家生态园林城市、国家园林城市、省级森林城镇等创建，强化城市联动城镇带动乡村发展，形成生态共建共享共治新格局，建设宜居宜业和美家园。

二、总体要求

（一）指导思想

坚持以习近平新时代中国特色社会主义思想为指导，深入学习贯彻习近平总书记视察广东重要讲话、重要指示精神，贯彻落实省委十三届二次、三次全会精神，落实省委“1310”具体部署，锚定“走在前列”总目标，以绿美广东生态建设为统领，以“增绿提质”为主线，推进森林城市森林乡村建设、开展“五边”“四旁”绿化和历史遗留矿山生态修复，营造“城在林中、人在景中”的绿美城乡人居环境，不断满足人民群众对美好生活的需要。

（二）基本原则

1. 坚持城乡一体、协同推进。为城乡居民提供平等的生态福祉，开展“森林城市群－森林城市－森林县城－森林城镇－森林乡村”五级创森，推动森林绿地向城镇和乡村延伸发展，逐步缩小城乡间、城市间绿化建设水平的差距，协同高效推进“绿美城乡”提升工作。

2. 坚持生态优先、突出特色。强化生态保护，因地制宜，注重特色，避免绿化同质化。充分尊重地方乡风民俗，把握城乡发展肌理，立足区域资源禀赋和地方特色，保护传承文化与自然价值，探索适合当地的绿色发展模式，打造集景观展示、休闲游憩、产业发展等多功能于一体的生态环境新亮点。

3. 坚持绿色惠民、节俭务实。坚持以人民为中心的发展思想，防止生态形式主义，科学布局，统筹考虑建设合理性和经济可行性，推进节约型、友好型绿地空间建设，营造宜居宜业宜游的城乡生态环境，更好满足人民群众多层次、差异化、个性化的需求，不断增强人民群众获得感、幸福感和安全感。

4. 坚持政府主导、社会参与。坚持政府主导，强化责任落实，建立长效机制，按照“任务项目化、项目清单化、清单具体化”的工作模式，充分调动社会各界参与城乡绿美提升建设的积极性，形成全社会齐抓共建城乡绿美环境的生动局面。

（三）目标任务

以“绿美广东”为总目标，以“森林城市、森林城镇、绿美乡村”建设为载体，全域创建国家森林城市，高质量建设国家森林城市群，推动广东森林城市建设继续走在全国前列，打造“城在林中、路在绿中、房在园中、人在景中”的绿美城乡人居环境，形成南粤大地山海相连、蓝绿交织、和谐共生的美丽家园。

三、建设内容

（一）全域推进国家森林城市建设

全域推进地级以上市国家森林城市建设，增加城市森林面积，提升生态资源质量，改善城市生态环境，增加公众生态福利。推进珠三角森林城市群高品质提升，打造世界级森林城市群；依托汕头市、湛江市省域副中心城市建设，推动汕潮揭、湛茂阳森林城市群创建工作，形成“一主两副”的森林城市群多极发展格局。推动全省 40 个县级城市创建国家森林县城，持续满足城乡居民日益增长的多样化生态需求。

（二）开展“五边”“四旁”绿化美化

利用“五边”“四旁”空地，因地制宜推进留白增绿、拆违建绿、见缝插绿，拓展绿化生态空间。引导村民在山边、水边、路边、镇村边、景区边“五边”和农村水旁、路旁、村旁、宅旁“四旁”植树种果栽花，多种珍贵树、“摇钱树”，推进农村卫生黑点改造，因地制宜建设小果园、小花园、小公园，打造绿美亮点。

（三）开展历史遗留矿山生态修复

科学谋划项目，做好项目前期准备，提高项目成熟度，每年省重点生态保护修复项目储备库的项目要包括不少于当年下达的历史遗留矿山生态修复任务 20% 的图斑面积，因地制宜，宜乔则乔、宜灌则灌、宜草则草、宜水则水，打造一批提升生态系统质量和稳定性的精品工程，让山体重披绿装、重展绿颜。采取“生态修复 + 产业导入”的矿山治理模式，推动历史遗留矿山生态修复与旅游、康养、种植、养殖等产业融合发展，让废弃矿山变“金山银山”。到 2027 年，精品工程修复不少于 1500hm^2 的历史遗留矿山图斑面积。

（四）推进森林城镇建设

将森林城市建设向城镇延伸，根据生态资源本底、文化特色，因地制宜开展城镇绿化，依托林网、水网、路网完善城镇生态网络，增强城镇绿地的系统性、协同性，提升城镇生态空间品质，建设休闲宜居型、生态旅游型和岭南水乡型森林城镇。到 2027 年，每年建设 30 个森林城镇。

（五）推进绿美乡村建设

按照“一条绿化景观带、一处乡村休闲绿地、一个庭院绿化示范点、一片生态景观林”标准，打造推窗见绿、出门见景的森林乡村。依托乡村古树资源，结合古树养护和复壮，打造记得住乡愁的绿美古树乡村。依托红色革命遗迹、革命历史和革命故事等人文资源，结合乡村风貌整治，打造红色文化传承的绿美红色乡村。到 2027 年，每年建设 100 个森林乡村、50 个绿美古树乡村、50 个绿美红色乡村。

（六）推进城市园林绿化美化

传承岭南文化，突出岭南园林，高标准打造具有南粤特色的城市公园体系。做好城市国家（生态）园林城市复查，确保国家园林城市“数量只增不减、质量只升不降”。具备条件的城市要大力创建国家生态园林城市、国家园林城市，推进建设一批国家生态园林城市，力争实现地级以上市全覆盖建成国家园林城市，推动国家园林城市创建向县城延伸，鼓励县城、城镇积极创建省级园林城市（城镇）。开展城市园林绿化垃圾处理和资源化利用试点。

四、保障措施

（一）加强组织领导

突出党建引领，各级党委政府、各级组织要主动作为，落实好责任分工，确保行动任务落地落实。各有关部门要各司其职、互相配合，细化落实举措，构建全省上下联动、协同推进的工作格局，形成强大工作合力。

（二）保障资金投入

各级人民政府要保障财政资金投入，积极争取中央补助资金，鼓励引导社会资本参与，建立以政府财政投入为主导，社会资金投入为补充的投资机制，保障建设项目资金需求。

（三）注重宣传引导

各地要组织开展各类宣传活动，充分利用电视、报刊、网络、自媒体等媒介加大宣传，引导广大群众积极支持和参与，营造政府重视、社会关注、人人爱护的良好氛围。

广东省绿美保护地提升行动方案
（2023—2035年）

为深入贯彻落实《中共广东省委关于深入推进绿美广东生态建设的决定》，扎实推进绿美保护地提升行动，全面提升绿美保护地建设水平，大力推进保护地高质量发展，打造优质生态产品，有效发挥绿美广东生态建设综合效益，制定本方案。

一、总体要求

（一）指导思想

以习近平新时代中国特色社会主义思想为指导，全面贯彻落实党的二十大精神，深入践行习近平生态文明思想，认真贯彻落实习近平总书记对自然保护地、湿地和野生动植物保护的系列重要指示精神，以高质量发展为主线，高标准推进绿美广东生态建设。以国家公园和示范性保护地建设为抓手，加强重要自然生态系统原真性保护；以红树林保护修复和国际红树林中心建设为抓手，强化重要湿地生态系统保护和受损退化湿地修复；以华南国家植物园、国家林业和草原局穿山甲保护研究中心（以下简称“穿山甲保护研究中心”）建设为抓手，加强生物多样性保护，强化物种资源保护能力。大力开展绿美保护地提升行动，提高生态环境质量，促进生态系统稳定，扩大生态产品供给能力，打造人与自然和谐共生的保护地建设典范，不断满足人民群众对美好生活的需要。

（二）基本原则

坚持生态优先，系统保护。以生态文明建设为引领，牢固树立尊重自然、顺应自然、保护自然的生态文明理念，严守生态保护红线，实行最严格的保护制度。根据区域自然条件，依托现有山水脉络等独特风光提供优质生态产品，尽可能减少对自然的干扰。

坚持系统治理，科学修复。坚持山水林田湖草生命共同体理念，遵循森林、湿地生态系统发展和演替规律，科学布局、统筹兼顾、整体实施，以自然恢复为主，人工干预为辅，开展系统修复和综合治理，着力提升生态系统自我修复能力，增强生态系统稳定性。

坚持示范引领，全面提质。充分发挥政府引导和市场配置资源作用，以国家公园、示范性保护地、万亩级红树林示范区、地区代表性植物园等为建设重点，创新保护、管理、利用、共享机制，打造绿美保护地示范样板，坚持以点带面，以面带全；前期抓示范，后期抓全面，逐步发挥示范引领作用，持续推进保护地提质增效。

坚持共建共享，和谐惠民。积极引导社会团体和人民群众广泛参与，建立多方参与、共建共享的有效机制。坚持以人民为中心，聚焦人民群众的需求提供优质生态产品，创建内涵式、集约型、绿色化的高质量发展模式，让生态绿起来，保护地美起来，杜绝应景造势，不搞华而不实的“政绩工程”“形象工程”，促进生态公共服务均等化和普惠化。

二、目标任务

（一）总体目标任务

重点打造“三园两中心一示范”，创建南岭国家公园、丹霞山国家公园，高标准建设华南国家植物园，高水平建设国际红树林中心和穿山甲保护研究中心，建设一批示范性保护地。构建区域性动植物迁地保护网络，打造彰显中国特色、万物和谐的国家绿色名片，让群众共享绿色空间。创建万亩级红树林示范区，全面提升红树林等湿地生态系统质量和服务功能。全面深入推进绿美保护地质量提升。

（二）前期目标任务（2023—2027年）

完成南岭国家公园的设立，组建国家公园管理机构，构建统一规范高效的管理体制，创新运营机制，编制总体规划，全面加强国家公园严格保护、系统修复，使生态系统稳定性不断增强，生态功能和价值稳步提升，重点保护珍稀野生动植物种群稳定增长，实现对自然资源资产的有效管理和科学监测，初步建成具有保护、科研、教育、体验、社区协调发展等综合功能的南岭国家公园。完成丹霞山国家公园创建及评估。

建立一批对全省自然保护地事业发展具有指导意义的示范性保护地，实现严格保护、科学利用、精细管理、高效共享的发展格局，初步建成以国家公园为主体的自然保护地体系。原则上各地级以上市建设完成 1 个示范性自然保护区和 1 个示范性森林公园，探索打造一批山地公园和郊野公园。示范性保护地建设内容侧重于资源保护、科普宣教、生态旅游、社区协调发展等方面的示范建设。

高质量建设华南国家植物园和穿山甲保护研究中心。支持韶关、茂名、肇庆等有条件的地市建设植物园（树木园），推进深圳、佛山、惠州、东莞、怀集等地植物园（树木园）的迁地保护能力建设，各单位园容园貌和活植物保藏量稳步提升。开展华南虎繁育野化基地建设，对中华穿山甲、鳄蜥、丹霞梧桐、水松等国家和省关注的珍稀濒危野生动植物物种开展就地保护和迁地保护。

高水平建设国际红树林中心，打造具有国际影响力的红树林保护合作平台。严格管控湿地面积总量和湿地用途，加强红树林湿地、候鸟迁飞通道和滨海湿地保护。科学修复退化湿地，推进万亩级红树林示范区创建工作，到 2025 年完成营造 5500 公顷红树林，修复 2500 公顷红树林的任务。实施一批湿地保护修复项目，开展小微湿地示范点建设。提升湿地生态服务功能和防灾减灾能力

（三）后期目标任务（2028—2035年）

通过高水平谋划、高质量建设，南岭国家公园和丹霞山国家公园生态系统原真性、完整性得到有效保护，生物多样性更加丰富，实现严格保护、科学管理、高效共享，将南岭国家公园、丹霞山国家公园建设成为展示我国生物多样性保护和世界自然遗产保护成就的重要窗口，以国家公园品牌引领周边区域绿色协调发展的精品范例，推动粤港澳大湾区生态圈共建共融共享一体化发展，促进人与自然和谐共生。

全省重要生态系统与生物多样性极重要关键区全部纳入自然保护地，重要自然生态系统原真性、完整性得到有效保护，自然保护地生态产品供给容量和服务质量明显提升。建设完成示范性自然保护区、自然公园、山地公园和郊野公园 100 个以上，自然保护地资源保护、科普宣教、生态旅游、社区协调发展等工作走在全国前列，全面建成具有国内先进水平的自然保护地体系。

华南国家植物园建设达到世界一流水准，对标国家植物园建设标准，高水平建设深圳市仙湖植物园，活植物收藏和储存能力跻身世界前列。形成以华南国家植物园和穿山甲保护研究中心为引领的动植物迁地保护体系。实施华南虎和中华穿山甲救护繁育和野化，促进全省珍稀濒危野生动植物得到有效保护。

湿地生态系统服务功能显著增强，红树林、重要湿地等重要湿地区域保护修复成效显著；湿地生态产品供给能力有效提升，湿地生态产品价值实现机制初步建立，湿地保护共建共享机制基本实现。

三、建设内容

（一）创建南岭国家公园和丹霞山国家公园

1. 积极创建国家公园

完成南岭国家公园设立任务，编制南岭国家公园总体规划并组织实施。

开展南岭国家公园勘界立标、自然资源资产确权登记，编制自然资源资产管理责权清单和资产负债表等，开展集体土地地役权改革，引导小水电有序退出，加强自然资源资产的保护和利用监督。建立法规政策、标准、保护、科研监测、资金保障和评估考核等体系，实现南岭国家公园自然资源资产的统一管理。积极创建丹霞山国家公园，按照《国家公园设立工作指南》，编制丹霞山国家公园设立相关材料，完成丹霞山国家公园创建阶段工作任务，正式上报国务院申请设立。

2. 开展生态保护与修复

以增强森林生态系统质量和稳定性为导向，在全面保护常绿阔叶林等原生地带性植被的基础上，统筹实施一般控制区的人工商品林改造、水源涵养林提升等生态系统保护修复重点工程，科学开展低效桉树纯林、马尾松林、湿地松林等森林质量精准提升行动，着力形成自然度高、生物多样性丰富的地带性森林群落。开展南岭国家公园内珍稀濒危动植物编目、建档工作。实施野生动植物本底调查，对华南虎、鳄蜥、黄腹角雉、中华穿山甲等珍稀濒危物种及其栖息地开展针对性保护。根据南岭国家公园中华鬣羚、黑熊等大型珍稀濒危保护野生动物的空间分布状况，结合地形及野生动物生活习性，开展野生动物生态廊道建设。加强地质灾害防治，强化有害生物、疫源疫病监测预警和森林防灭火体系建设。

3. 打造南岭现代化智慧监测感知平台

对标国家林业和草原局生态网络感知体系，建设“天空地”一体化保护管理、生态监测、生态教育和自然体验综合监测体系，利用现代化技术手段，结合野外站点布设等加强国家公园内活动和资源状况的监测监管，打造智慧南岭信息化平台。整合南岭国家公园的基础地理、卫星遥感、自然资源、生态环境、生物多样性、科研监测、社会经济等多源、多尺度数据，形成南岭国家公园大数据云服务平台，对国家公园的各类监测数据实时采集，深度挖掘和自动化、智能化分析预判，建成国家公园感知系统，形成南岭国家公园“一张图、一个库、一套数据”及智慧应用。

4. 加强科普宣教及生态体验

基于南岭国家公园的资源禀赋条件，运用生态位拓展理论，突出生态系统 + 生态绿道 + 南粤古驿道链合，构建研修研学、休闲体验、洞察村落、原生探秘四大自然体验区块。科学规划以科普研学、生态教育为主题的生态体验项目，全面提升生态旅游质量，建设南岭国家公园自然博物馆。规划建设国家公园入口社区和外围小镇，辐射周边区域协调发展，完善基础设施配套，提升公共服务水平。探索建立国家公园特许经营机制，打造国家公园品牌价值增值体系和特许经营产品质量标准体系。加强国际合作，宣传推广国家公园广东样板。

（二）建设一批示范性保护地，提升保护地建设水平

从全省已建自然保护区、自然公园中选取区位条件、基础设施条件及资源禀赋相对较好的自然保护地开展示范建设，在原有建设基础上，突出重点选择 1~2 个示范方向开展创新建设；根据人民群众对绿色空间的需求，探索山地公园、郊野公园的建设模式，合理利用现有资源，建设示范性山地公园和郊野公园。全省建设 100 个以上示范性自然保护区、自然公园和山地公园、郊野公园。

1. 示范性自然保护区建设

以主要保护对象为森林生态系统的自然保护区为主，兼顾海洋生态系统、湿地生态系统等，从中选取具有代表性或特殊保护意义的自然保护区，在资源保护、科普宣教、科研监测、社区协调发展等方面开展示范建设。依托高科技手段和现代化技术，提升自然保护区巡护监测信息化和智能化水平；创新科普宣教形式，有效拓展受众群体，改善参与体验，提高科普宣教服务效能，打造科普宣教特色品牌；探索自然保护和资源利用结合的新模式，平衡保护和发展的关系，促进周边社区绿色发展；加强自然保护区科技创新，搭建科研与应用对接平台，推进科研成果就地转化。促进自然保护区资源保护和管护水平全面提升。

2. 示范性自然公园建设

以示范性森林公园建设为主，兼顾湿地公园、地质公园、海洋公园、风景名胜区和石漠公园等类型，选取资源禀赋较好、区位条件重要、基础设施相对完善、管理较规范的自然公园，在景观提升、生态旅游、科普宣教、社区协调发展等方面作出示范，建设成景观优美、生态旅游产品丰富、旅游服务设施完善、社区和谐发展、在全国具有示范意义的自然公园样板。重点建设内容包括：提升改造公园自然景观和人文历史景观；建设现代化旅游服务设施；丰富休闲观光、生态体验、研学教育等多种旅游产品供给；打造自然公园特色科普宣教和生态旅游品牌；辐射带动周边社区协同发展，践行绿水青山就是金山银山理念。

3. 示范性山地公园建设

探索我省山地公园建设模式，重点在县城、镇村周边资源条件较好的山地打造游憩步道等自然体验设施，以小投入形成大产出，提升周边群众的获得感和幸福感。一是打造特色山地景观，依托现有山地自然景观，结合茶园、果园、桑园、油茶园、药园等种植园的优美园景，将山地与乡村、文化、艺术等元素相融合，优化景观布局，形成层次丰富的山地公园特色景观；二是建设山地公园旅游服务设施，在不破坏山体结构、保持自然地貌原真性的前提下，建设游憩设施、休憩设施、康体设施等，挖掘特色文旅资源，为周边居民建设集观景、休憩、健身于一体的特色山地公园。

4. 示范性郊野公园建设

探索我省郊野公园建设模式，从城市近郊选取自然景观和郊野风貌较好的区域建设郊野公园，尽量保留原有自然风貌，设置配套服务设施，打造多元化休闲游憩空间，满足人民群众亲近自然的需求。立足自然资源现状和特色，以自然野趣为基调，优化人工设施的植入，保持大尺度、多季相的景观特征，强化自然游憩功能，丰富衍生功能，依托景观资源衍生出"郊野公园＋艺术""郊野公园＋体育""郊野公园＋互联网""郊野公园＋科普""郊野公园＋旅居"等主题，丰富郊野公园的游憩体验。

（三）构建区域性动植物迁地保护网络，提升动植物迁地保护能力

1. 高标准建设华南国家植物园

编制华南国家植物园建设方案。建设种质资源库、迁地保护中心，整合保护网络体系及信息管理平台，开发园林观赏植物、经济和药用植物等资源，推进植物资源利用产业可持续发展。支持广州构建城园融合体系。

2. 高质量建设穿山甲保护研究中心

在广州建设包括隔离救治、人工繁育、野化训练、科学研究、综合保障、监测预警、科普展示和管理服务等功能的穿山甲保护研究中心，设立广州、深圳分中心，在南岭国家公园、深圳、河源、梅州、惠州、肇庆等地建立穿山甲保护研究中心野外监测基地、种源繁育基地，构建以穿山甲为旗舰物种的野生动物监测保护体系，逐步攻克穿山甲保护和救护繁育技术难题，促进穿山甲野外种群复壮，实现穿山甲系统性保护。

3. 健全迁地保护体系

编制《广东省植物迁地保护体系规划》。根据广东省现有植物园、树木园等植物迁地保护机构的现状，以及对全省迁地保护植物类群空缺进行分析，以华南国家植物园为引领，支持韶关、茂名、肇庆等有条件的地市建设植物园（树木园），提升深圳、佛山、惠州、东莞、怀集等地植物园（树木园）的迁地保护能力，健全植物迁地保护网络，实现全省主要气候带、植被带和典型植被类型植物迁地保护机构全覆盖。重点加强对中华穿山甲、鳄蜥、丹霞梧桐、水松等 16 种国家规划专项拯救的极度濒危物种抢救性保护。

4. 提高迁地保护机构管理水平

推动珍稀濒危野生动植物资源多机构保护模式。统筹就地保护与迁地保护，推动自然保护地机构和迁地保护机构围绕动植物多样性保护与综合考察、种质资源收集、保护与开发利用等领域开展战略规划合作。提升我省植

物园的信息化水平，实现数据一站式整合与共享，区域植物多样性资源的智能化管理与实时可视化展示。

（四）加强湿地保护修复与利用，提升湿地生态服务功能

1. 高标准建设国际红树林中心

落实国家部署要求，高标准、高质量推进国际红树林中心建设工作，积极搭建红树林保护国际交流合作平台，推进中国红树林博物馆建设，支持开展红树林保护修复研究，增进合作交流，定期举办全球红树林论坛，将国际红树林中心打造成展示生态文明建设成果和湿地公约履约能力的重要平台。

2. 加强红树林等重要区域湿地修复

坚持尊重自然、科学修复的原则，以国家重点生态功能区、生态保护红线、自然保护地等为重点，科学营造修复红树林，推进湿地修复工作。强化受损滨海湿地和珍稀濒危物种关键栖息地修复，构建海岸带立体防护体系，提升湿地生态服务功能和防灾减灾能力。贯彻落实《红树林保护修复专项行动计划（2020—2025年）》（自然资发〔2020〕135号）及《广东省红树林保护修复专项规划》，在沿海地市大力推进红树林营造修复，至2025年全省营造红树林不少于5500公顷，修复红树林不少于2500公顷，在湛江、惠州、江门等地开展万亩级红树林示范区建设，提升红树林生态系统质量。结合资源特点和区域发展需求，开展小微湿地示范点建设，助力乡村振兴和新型城镇化建设。

3. 全面推进湿地保护

编制实施《广东省湿地保护规划》，明确我省湿地保护主要目标、空间布局和重点任务。组织申报国家（国际）重要湿地，认定发布一批省重要湿地，支持推进城市湿地公园建设。加快湿地资源调查监测，严格管控湿地面积总量和湿地用途，重点加强红树林湿地、滨海湿地等湿地生态系统和候鸟迁飞通道等重要区域湿地保护。

4. 推动湿地科学利用

积极实践保护优先、合理利用的高质量发展新模式，充分发挥湿地资源的生态效益、经济效益和社会效益。科学合理利用湿地自然和人文资源，积极发展湿地自然教育和湿地生态旅游、生态种植、生态养殖等产业，为人民群众提供共建共享的绿色空间和更多更丰富的优质生态产品。

四、保障措施

（一）制度保障

合理划分省级和地方事权，加强地方政府、林业主管部门、自然资源主管部门等相关单位的协作配合，细化工作任务，落实监管责任，强化方案实施。配备自然保护地、湿地、野生动植物保护建设发展急需的管理和技术人才。统筹做好项目立项，对绿美广东生态建设其他提升行动已安排的建设项目，在绿美保护地提升行动中不得重复立项。重点保障绿美保护地提升行动用地用林用海。

（二）组织保障

各级政府要将绿美保护地提升行动作为本地区生态文明建设重要内容，纳入当地国民经济和社会发展规划，切实加强组织领导。省直有关部门要加强指导、统筹协调和督促检查；各级政府要以全面推行林长制为引领，把绿美保护地提升行动相关工作纳入各级领导责任制，强化“一把手”职责，逐级压实责任。制定具体考核办法，对各项任务内容的建设水平进行阶段性评价，评价结果作为保护地管理机构领导干部和地方政府、部门领导班子综合考核评价的重要依据。建立奖惩激励机制，对保质保量完成任务的地方和单位，按规定给予表彰和奖励，对任务完成滞后的地方和单位，及时给予提醒或者约谈。

（三）政策保障

根据深入推进绿美广东生态建设部署要求，出台符合广东特色的绿美保护地提升行动的政策文件。建立自然保护地、湿地、野生动植物保护相关的资源管护、科研监测、访客管理、科普宣教、志愿者服务、社区共建发展、特许经营、社会参与、生态保护补偿、监督考核等方面的规章制度，加强专业技术人才培养，建立保护地人才培养机制。

（四）资金保障

按照政府主导、社会参与、市场推进的原则，确定省级与地方事权划分，建立以财政投入为主、社会积极参与的资金筹措保障机制。将绿美保护地建设纳入地方国民经济和社会发展规划，加大财政转移支付支持力度，拓宽资金筹措渠道，丰富金融产品，完善财税政策，引导社会资本投资绿美保护地建设，完善以财政投入为主、财政优先保障的多元化资金保障机制。

（五）技术保障

建立绿美保护地提升行动专家咨询机制，建立咨询专家库，提高科学决策水平。加强重大课题研究，加快科技成果转化应用。打造多层次科研合作平台，鼓励高校和科研机构参与自然保护地、湿地和野生动植物保护修复研究，推动科技成果共享与转化应用。按照行业建设管理和行业规范要求，梳理现行标准和有关规范，推进绿美保护地建设进入标准化、规范化和常态化发展的轨道。

（六）宣传保障

通过门户网站、微信公众号等新媒体平台，发布绿美保护地提升行动建设成果，广泛开展宣传教育，普及生态文化，形成群众主动保护、社会广泛参与、各方积极投入的良好氛围。积极借鉴国内外保护地建设经验，开展相关领域的交流合作，丰富自然保护地、湿地和野生动植物保护建设内容。

广东省绿色通道品质提升行动方案
（2023—2035 年）

为贯彻落实《中共广东省委关于深入推进绿美广东生态建设的决定》，扎实推进绿色通道品质提升行动，打造通山达海、蓝绿交织生态廊道，建成和谐共生的绿美生态网络，制定本行动方案。

一、建设意义

（一）织牢织密广东生态网络的重要途径

通过优化提升绿色通道网络生态系统，沟通南北西东，连接城乡山海，构建起绿美广东生态建设的骨架，促进各种类型生态廊道的互连互通，提高自然生态系统的多样性、稳定性、持续性，织牢织密我省生态网络。

（二）展示新时代广东高质量发展的重要窗口

通过通道两侧林分优化和绿道、碧道、古驿道、森林步道的示范段及景观节点建设，打造高品质绿色通道，成为展示新时代广东高质量发展的重要窗口，让人们在出行中真切感受到绿了美了的广东。

（三）满足人民日益增长的优美生态环境需要

提升高速公路、铁路、国省道绿化品质，推进绿道、碧道、古驿道、森林步道多道融合，构建成网成片的游憩体系，提供更多优质生态产品，让人们融入自然、享受自然，不断满足人民群众日益增长的优美生态环境需要，提升生态获得感、幸福感、安全感。

二、总体要求

（一）指导思想

坚持以习近平新时代中国特色社会主义思想为指导，深入学习贯彻习近平总书记视察广东重要讲话、重要指示精神，贯彻落实省委十三届二次、三次全会精神，落实省委“1310”具体部署，锚定“走在前列”总目标，以绿美广东生态建设为统领，科学提升通道两侧绿化品质，持续提升带状生态空间绿化美化水平，将我省独特多样、丰富多彩的自然与人文景观资源串珠成链，把绿色通道打造成为生态线、风景线、发展线、幸福线。

（二）基本原则

1. 生态联通、构筑网络。连接高速公路、铁路、国省道绿色通道以及绿道、碧道、古驿道、森林步道、林廊绿道等绿色纽带，串联森林、绿地、湿地、河流等生态资源，提高自然人文景观的连通度、耦合度，构建绿美生态网络。

2. 绿化为主、景观辅之。科学选择绿化树种，推广使用优良乡土树种，审慎使用外来树种，防止大种花色树种。兼顾经济效益，增加高品质林业生态产品。

3. 因地制宜、突出特色。坚决遏制耕地“非农化”、严格管控“非粮化”，在具备条件的非耕地上进行绿化美化。尊重自然、顺应自然、保护自然，保护原有自然生境和生物多样性。科学设计，充分挖掘各地林脉、地脉、水脉、人脉、文脉魅力，将各类自然资源与人文景观串联成线，打造特色鲜明、主题多元的生态景观带。

4. 系统谋划、群策群力。整体协调、分工负责，统筹林业、自然资源、交通运输、住房与城乡建设、水利、生态环境、文化旅游、铁路等部门，系统谋划项目规划、建设、运维等环节。吸引社会资本参与，带动乡村振兴和产业发展，推动生态优势转化为发展优势。

（三）目标任务

各县（市、区）建设“快行系统”“慢行系统”绿色通道示范段各 1 条以上、景观节点 1~2 个。以各类绿色通道为纽带，有机串联自然保护区、森林公园、山地公园、郊野公园、湿地公园、地质公园、风景名胜区、植物园等生态节点和邻近的古村落、历史遗迹等，建成互连互通的绿美生态网络，让森林融入城乡，让人们融入自然，不断增强人民群众的获得感、幸福感和安全感。

三、建设内容

（一）“快行系统”绿色通道

在遵守相关法律法规、设计规范，确保行车安全前提下，对高速公路、铁路、国省道等“快行系统”两侧 1km 范围内林地进行森林品质提升，对红线内绿化带、隔离带、出入口、互通立交、站场等地段进行绿化品质提升。

1. 高速公路、国省道绿色通道。道路红线用地范围外一定距离范围内，以乔木树种结合灌木和地被植物，营造连续的、具有一定宽度和高度的绿化带；中央分隔带，以小乔木或灌木为主，营造能够遮挡眩光、引导视线、减轻视觉疲劳、提升路域景观的绿化带；在互通立交区、站房区等节点，可绿化范围内因地制宜选择生长周期长、易养护的绿化景观树种，营造优美的绿化景观节点，形成建筑物、道路、设施等和谐统一的绿化景观。两侧 1km 范围内林地，以乡土阔叶树、珍贵树种为主，兼顾“摇钱树”“景观树”，营建多层次、多树种、多功能、多效益的森林群落。注重红线内外生态景观协调统一。

2. 铁路绿色通道。在铁路红线内、沿线站场、广场开展绿化美化，以点带线、以线连面，循序增加绿地面积，提升景观质量。在铁路两侧 1km 范围内林地上，以乡土阔叶树为主，营建地带性森林植被群落。

（二）“慢行系统”绿色通道

对绿道、碧道、古驿道、森林步道四种“慢行系统”进行绿化品质提升、景观节点设施完善，营建生态景观多样、意趣丰富的生态步道，推进多道融合。

3. 绿道。省立绿道和城市绿道，沿着城市的河滨、溪谷、缓坡、风景道路等自然和人工廊道，建设可供行人和自行车进入的景观游憩线路，实现城市内外绿地连接贯通，将生态要素引入城镇街区。结合城乡环境整治、弃置地生态修复等，开展绿道绿廊建设和品质提升。完善交通衔接系统、服务设施系统、标识系统。发挥绿道的环境改善、休闲旅游和经济带动功能。

4. 碧道。碧道建设以河道为主线，统筹城镇与乡村、陆域与水域，建设魅力文化休闲漫道，构筑景观与游憩系统。充分利用河流通山达海、联通城乡的特点，为公众构建欣赏自然、体验历史和强身健体等多种功能的游径。依托堤岸防汛路、河滩地、临河道路等建设独立、连续和贯通的滨水游径；结合大型水利工程设施、有独特地理意义或历史意义的河段、大型跨河桥梁桥头、城镇地区河道交汇处等建设碧道公园。在碧道建设的基础上，因地制宜开展碧带建设，统筹推动两岸绿美滨水林带、景观休闲带、滨水经济带建设，持续提升碧带生态空间绿化美化水平，串联“千个碧道公园、万亩碧道湿地”，营造人水和谐的自然生态景观。

5. 古驿道。对古驿道两侧 1km 范围的林地以及沿线乡村绿化用地，充分利用古驿道的线性文化空间，以其为纽带，整合串联历史文化资源、自然资源、森林资源和特色村落，对古驿道进行活化、保护、修复、利用和沿线绿化提升，同时与乡村旅游发展相结合，充分发挥其潜在的历史人文价值，吸引公众休闲旅游、推动沿线乡村的绿色发展。通过山地造林、石漠化治理、退化林修复、森林抚育、生物防火林带和森林乡村建设，将古驿道沿线区域建成生态修复综合治理示范区。

6. 森林步道。尽量利用已有山间小径建设森林步道，优先连接邻近各级自然保护地等生态节点，连通邻近古村落、特色村落、历史遗迹。充分利用现有森林防火通道建设森林步道，让人民群众在行走中感受森林，在森林中获取生态力量。开发一批南粤红绿径特色路线。森林步道线路选择、建设与维护采取低影响措施，保护生态，考虑徒步者人身安全和野生动物迁徙。

（三）山海相连的林廊绿道

以生态化海堤、滨海湿地、魅力沙滩、美丽海湾、活力人居海岸线建设为重点，实施沿海防护林体系保护修复、提质改造和红树林湿地修复，绿化美化岸线，打造滨海绿美景观带、畅通山海相连的林廊绿道。

7. 滨海绿美景观带。以提升海岸防护能力、修复海岸生态、美化海岸景观、打造亲水空间为目标，推进生态化海堤建设。改善滨海湿地等重要生境，加强对红树林、海湾、入海河口等代表性生态区域的保护修复。推进海岸带资源保护修复和集约利用，以提升沙滩质量、美化沙滩环境、构建滨海景观为目标，打造魅力沙滩，擦亮“广东沙滩”名片。开展海湾综合整治，推动岸绿、海蓝、滩净、湾美、人和的美丽海湾建设，提升滨海空间品质和景观价值。试行海岸建筑退缩线制度，探索海岸线占补机制，强化海岸线分类分段管理，严格落实自然岸线保有率管控指标。

8. 沿海防护林体系建设。保护和恢复以红树林为主的一级基干林带、以木麻黄为主的二级基干林带，持续开展纵深防护林建设，提高森林质量，提升生态防护功能，增强防灾减灾能力，努力构筑沿海地区坚实的生态屏障。

四、保障措施

（一）加强组织领导

突出党建引领，各级党委政府、各级组织机构要主动作为，发挥各级河湖长、林长统筹协调作用，落实好责任分工，确保行动任务落地落实。各牵头部门要制定相应的工作方案，量化建设任务，细化年度计划；各有关部门要各司其职、密切配合，细化落实举措，强化示范带动，构建全省上下联动、协同推进的工作格局，形成强大工作合力。

（二）保障资金投入

各地要保障财政资金投入，积极争取中央资金支持，将绿色通道品质提升行动纳入省级林业、自然资源、交通运输、住房城乡建设、水利、生态环境、铁路的专项财政资金重点支持范围。鼓励各地在严控地方政府隐性债务的前提下，通过与社会资本合作、社会资本投资、林权抵押融资、土地流转、合作分成、入股经营等形式，采取市场化运作或政府特许经营的方式，促进社会多元主体参与绿色通道品质提升行动。

（三）注重宣传引导

各地要组织开展各类宣传活动，充分利用电视、报刊、网络、自媒体等媒介加大宣传，引导广大群众积极支持和广泛参与，营造政府重视、社会关注、人人爱护的良好氛围。

广东省古树名木保护提升行动方案
（2023—2035 年）

古树名木是自然界和前人留下的珍贵遗产，是森林资源中的瑰宝、有生命的文物，具有重要的历史、文化、生态、经济、科研价值。为贯彻落实《中共广东省委关于深入推进绿美广东生态建设的决定》，扎实推进古树名木保护提升行动，传承生态文化，制定本行动方案。

一、建设意义

（一）留住绿美广东乡愁记忆的重要举措

古树名木是自然的馈赠，是不可再生的稀缺资源，被称为“活文物”“活化石”，呈现出自然人文景观精华，记录着乡村往事和风土人情，承载着乡音、乡愁、乡忆。站在对历史负责、对人民负责的高度，严格保护古树名木及其自然生境，让历经历史风雨洗礼的古树名木持续焕发勃勃生机，是留住绿美广东乡愁记忆的重要举措。

（二）传承森林生态文化的重要载体

古树文化是中华文明中独特的文化现象，是中华民族的文化瑰宝，不仅包含了丰富的自然知识，也反映了人类与自然和谐相处的理念。广东古树名木树种丰富、数量众多，是绿美广东生态建设的靓丽“名片”，弘扬传承古树名木历史文化，推广古树文化旅游，把古树保护和传承森林生态文化有机结合起来，讲好人与自然和谐共生的广东故事。

（三）活化利用生态资源的重要抓手

古树名木是优良的种质资源基因库，也是重要的生态资源、文化资源。深入挖掘其历史文化、生态经济、人文资源价值，拓展古树名木保护内涵和外延，加以活化利用，因地制宜开发古树生态文旅产品，开展古树研学教育，推进古树基因、古树医学价值研究，实现多元价值，提升绿美广东生态建设的综合效益。

二、总体要求

（一）指导思想

坚持以习近平新时代中国特色社会主义思想为指导，深入学习贯彻习近平总书记视察广东重要讲话、重要指示精神，贯彻落实省委十三届二次、三次全会精神，落实省委“1310”具体部署，锚定“走在前列”总目标，以绿美广东生态建设为统领，加强古树名木保护，充分发挥古树名木在传承历史文化、弘扬生态文明中的独特作用，推动古树名木活化利用，促进古树名木与城市乡村、历史人文和谐共存，留住绿美广东乡愁记忆。

（二）基本原则

1. 坚持全面保护，依法管理。开展古树名木资源调查，摸清资源状况，将所有古树名木都纳入保护范围。健全古树名木保护法规制度体系，依法保护，严格执法，提升法治化、规范化管理水平。

2. 坚持政府主导，社会参与。建立健全政府主导、绿化委员会组织协调、主管部门和属地管理部门分工负责、社会广泛参与的保护管理机制。通过古树名木信息管理系统、古树保护牌二维码等向社会公众共享古树信息，增强全民参与及全民监督力度，推动全社会形成自觉保护古树名木的良好氛围。

3. 坚持科学管护，活化利用。古树名木应原地保护，严禁砍伐和违法迁移。

严格保护好古树名木的生长环境，设立保护标志，完善保护设施。开展古树名木保护管理科学研究，提高管护科技水平。在保护基础上活化利用，以用促保。

（三）目标任务

到 2027 年，全省古树名木保护规范化管理水平明显提升，按照“一树一档”要求，建立健全古树名木图文档案和电子信息数据库，古树名木保护牌安装率、“一树一档”落实率达 100%；全省古树监管力度显著增强，建立健康巡查信息档案，推动签订古树名木管护责任书，管护责任书签订率达 100%；全省古树名木整体健康状况更加良好，名木和五百年以上的古树视频监控覆盖率达 100%；全省各地保护古树名木氛围更加浓厚，古树名木及其自然生境得到有效保护和活化利用，建成古树公园 100 个，高质量古树生态产品有效供给进一步增加。

到 2035 年，全省古树名木保护进入法治化、规范化、精细化、精准化管理新阶段，形成完备的管理档案，管护状况、视频监控数据进行实时动态更新。古树名木保护管理利用等重点领域的科学研究达到先进水平，全面推广应用先进管护技术，管护科技水平显著提升。古树名木的历史价值、文化价值得到充分挖掘，形成了全社会广泛关注爱护古树名木的良好氛围，为南粤大地留住绿美广东的乡愁记忆，讲好城乡高质量发展与古树名木和谐共存的广东故事；古树名木生态效益和经济效益显著提升，开发出一系列广东特色的古树名木生态产品。古树公园、绿美古树乡村、古树主题自然教育基地等生态空间质量持续提升，成为绿美广东生态建设的靓丽名片，不断满足人民群众日益增长的生态产品需求。

三、建设内容

（一）建立健全古树名木保护管理制度

贯彻执行《广东省森林保护管理条例》古树名木保护相关要求，修订《广东省城市绿化条例》古树名木保护内容，推动各地级以上市加强古树名木保护立法和规章制度修订，进一步明确古树名木保护主体，落实监管、管护责任，完善古树名木认定、迁移、死亡注销有关程序，健全事前、事中、事后监管制度，制定古树名木保护奖惩机制等。各级绿委办牵头制订古树名木保护管理应急预案，结合本地古树名木资源状况、自然灾害、城市发展等情况，做好古树名木风险评估防范与应急管理相关工作。建立古树名木保险制度。

（二）开展古树名木资源调查监测

依据全国绿化委员会、住房和城乡建设部相关政策文件要求，持续推进古树名木资源补充调查和认定，全面掌握辖区内古树名木资源状况。开展古树群资源专项调查，完善古树群标准体系，摸清资源本底，开展保护价值评估等，充分挖掘展示古树群自然之美、人文之美。加强广东省古树名木信息管理系统建设和数据治理，按照“一树一档”的要求，建立健全古树名木图文档案和信息管理数据库，各级古树名木主管部门实时动态更新古树名木数据，提升信息化、精准化管理水平。鼓励各地级以上市结合本市实际情况确定古树后备资源及制定相应管理办法。

（三）切实落实古树名木养护责任

各级古树名木主管部门应当建立古树名木日常养护责任制，确定古树名木日常养护责任主体，由古树名木属地主管部门与其签订养护责任书，明确相关责任和义务，保障古树名木健康生长。养护责任主体应按照养护责任书的要求，对古树名木进行养护，并接受古树名木主管部门的监督检查。各级古树名木主管部门应积极创造条件改善古树名木生长环境，及时排查树体倾倒、腐朽、枯枝、有害生物、树穴硬化等问题，并对有需要的古树名木安装护栏和支撑物。规范设立古树名木保护标志和保护设施，对于树干较大、护栏较宽的古树，竖立古树名木标牌，确保古树名木保护牌不伤害树木且容易被观测。

（四）全面加强古树名木监管

各地级以上市、各县（市、区）的古树名木属地管理部门应建立古树名木健康巡查制度，组织专业技术力量对本辖区内古树名木的生长状况、生存环境、保护标识、潜在安全隐患、管护责任落实情况等进行巡查，建立健康巡查档案，并在广东省古树名木信息管理系统进行动态更新。严格查处违法违规迁移、破坏古树名木行为，对妨碍古树名木生长的硬底化设施、乱搭乱建设施以及其他人为破坏设施，要科学拆除，拆除过程中尽量减少对古树名木的破坏和影响。科学开展古树名木生境保护，保障古树名木健康生长所需空间，因地制宜采取保护措施。推进重要古树名木视频监控和保护工程建设，实现全省名木和五百年以上的古树视频监控全覆盖。非政策规定特殊情况不得迁移古树名木，涉及古树名木迁移的情况，必须充分征求专家、公众意见，依法从严审批。

（五）科学开展古树名木抢救复壮

名木、五百年以上的古树或属国家重点保护野生植物和岭南特色的古树，遭受损害、长势衰弱或濒危的，各级古树名木主管部门要及时组织专业技术力量进行诊断，按照“一树一策”科学制订抢救方案，并通过环境综合治理、土壤改良、有害生物防治、树洞防腐修补、树体支撑加固等措施，开展抢救复壮。对人为破坏严重、枝叶稀少、长势衰弱甚至濒危的其他古树，由市、县级古树名木主管部门根据实际情况进行科学复壮救护。到 2027 年，在省古树名木信息管理系统中登记长势衰弱或濒危的名木和五百年以上古树，抢救复壮率达 95% 以上。

（六）加强古树名木的活化利用

积极引导社会力量参与古树名木保护。充分挖掘古树的历史、文化、生态、经济、科研价值，遵循简约、自然、惠民的原则，以古树（群）为中心，结合古村落、古民居、古建筑等历史文化遗产的保护与利用，因地制宜建设一批集保护、科普、宣教、休闲功能于一体的古树公园，讲好人与自然和谐共生的古树名木故事。到 2027 年，全省建成古树公园 100 个以上。

四、保障措施

（一）加强组织领导

突出党建引领，各级党委政府、各级组织机构要主动作为，落实好责任分工，确保行动任务落地落实。各级绿化委员会负责组织协调本行政区内古树名木保护管理工作。城市绿化用地内的古树名木由城市绿化行政主管部门负责，其他区域的古树名木由林业行政主管部门负责。各绿化委员会成员单位要根据各自职能分工，配合做好古树名木保护工作，形成协同推进古树名木保护提升行动的工作格局。

（二）强化资金支持

加大古树名木保护资金投入，保障古树名木普查、鉴定、建档、挂牌、日常养护、复壮、保护设施建设以及科研、培训、宣传、视频监控、信息系统建设等资金需求。鼓励广泛吸收社会资金，设立古树名木保护基金。支持建立古树名木保护补偿机制，通过古树名木综合保险等方式拓宽古树名木修复资金来源，建立健全社会资本广泛参与古树名木保护的机制。

（三）加强科技支撑

设立古树名木保护管理专家咨询委员会，为古树名木管理提供科学咨询和技术支撑。将古树名木保护关键技术攻关列为林业科技创新的重要内容予以支持。鼓励和支持高等院校、科研院所、高新技术企业参与古树名木保护技术研究和技术标准制定，积极推广应用古树名木先进保护技术，为古树名

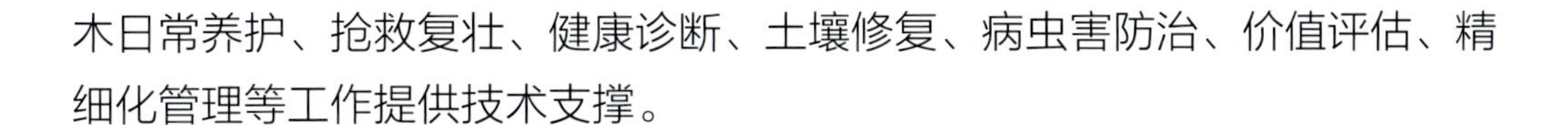

木日常养护、抢救复壮、健康诊断、土壤修复、病虫害防治、价值评估、精细化管理等工作提供技术支撑。

（四）加强督促检查

定期组织公安、住建、林业等部门联合开展打击破坏古树名木违法犯罪活动。将古树名木保护工作纳入林长制考核内容，定期开展督促检查，重点督查工作任务落实情况，强化跟踪问效，保障工作成效。大力宣传古树名木保护管理相关法律法规、技术规范等文件，增强群众对古树名木保护的关爱意识、保护意识和法律意识。

广东省全民爱绿植绿护绿行动方案
（2023—2035年）

为贯彻落实省委、省政府关于深入推进绿美广东生态建设的决策部署，大力弘扬“岳山造林”光荣传统，凝聚国土绿化的全民力量，让爱绿植绿护绿成为全民行动自觉，共同建设天蓝、地绿、水清、景美的美丽家园，制定本行动方案。

一、建设意义

（一）实现人民对美好生活追求的重要抓手

坚持以人民为中心的思想，发扬中华民族植树造林的优良传统，引领一代代广东儿女在南粤大地上接续植绿增绿，共建南粤秀美山川，切实把绿美广东生态建设成果转化为高品质的宜居环境、看得见的民生福祉，不断增强人民群众的获得感、幸福感和安全感。

（二）培育生态文明新风尚的重要载体

学习贯彻习近平生态文明思想，践行绿水青山就是金山银山理念，深入开展全民义务植树活动，广泛开展宣讲教育，营造全社会爱绿植绿护绿的良好氛围，提高全民对绿美广东生态建设的认知度、参与度，推动生态文明建设成为全社会的价值追求。

（三）增强中华民族文化自信的重要途径

坚持文化自信，构建岭南特色生态文化传播体系，充分发挥岭南自然资源禀赋和历史人文优势的“双重叠加”效应，推动讲好人与自然和谐共生的中国故事、大湾区故事、广东故事，增强广东在中国式现代化建设中的文化自信。

二、总体要求

（一）指导思想

坚持以习近平新时代中国特色社会主义思想为指导，深入学习贯彻习近平总书记视察广东重要讲话、重要指示精神，贯彻落实省委十三届二次、三次全会精神，落实省委“1310”具体部署，锚定“走在前列”总目标，以绿美广东生态建设为统领，实施全民爱绿植绿护绿行动，深入开展全民义务植树活动，弘扬森林生态文化，倡导绿色低碳生活方式，推动习近平生态文明思想在南粤大地落地生根。

（二）基本原则

1. 政府引导，全民参与。充分发挥各级党政机关引导作用，广大党员、干部带头履行植树义务，充分调动群团组织、企事业单位、公益组织积极性，邀请知名公众人物和社会杰出乡贤，带动和号召全社会共同参与爱绿植绿护绿活动，推动形成全民爱绿植绿护绿的强大合力。

2. 形式多样，生动活泼。开展义务植树、共建绿美家园、宣讲教育、文化弘扬、以评促建等主题鲜明、喜闻乐见、丰富多彩的爱绿植绿护绿活动，推动形成全社会参与绿美广东生态建设的生动局面。

3. 爱绿兴绿，全民享绿。既要注重植绿，更要注重护绿，培育爱绿兴绿行动自觉，让植树造林成为价值追求，营造形成人人爱绿、全民赏绿的良好氛围，推动人与自然和谐共生。

4. 绵绵发力，久久为功。系统谋划，一张蓝图干到底，一代接着一代干，接续植绿护绿，保持历史耐心，驰而不息，绘就绿美广东新画卷。

（三）目标任务

深入开展形式多样的全民爱绿植绿护绿行动，每年举办一次省市县林长联动义务植树活动，每个县（市、区）建设1个以上义务植树基地，让爱绿植绿护绿兴绿成为全民行动自觉，推动大地植绿、心中播绿、全民享绿成为时代新风尚，天蓝、地绿、水清、景美的生态画卷成为广东亮丽名片，绿美生态成为普惠的民生福祉，建成人与自然和谐共生的绿美广东样板。

三、建设内容

（一）深入开展全民义务植树活动

1. 开展省市县林长联动义务植树活动。在每年“3.12”植树节前后，省第一总林长、林长带头，省市县林长联动，党政军民学共同参与，在各地联动举办义务植树活动，推动全省上下积极投身绿美广东生态建设。

2. 深入开展“互联网 + 全民义务植树”。通过各种媒介，广泛宣传号召公众积极参与全民义务植树活动。研发应用“粤种树”微信小程序，实现“线上报名、线上捐款、线上发证、线上查看”，推动全民义务植树线上线下融合发展，更好响应社会公众参与义务植树的多元需求。鼓励校友、企业家、社会乡贤等开展“回赠母校一棵树”“回报家乡一片林”活动，鼓励公众开展结婚、生子、升学、入伍等“有喜种树”活动，鼓励公众对古树名木、公园大树等进行冠名或者非冠名认养，鼓励城乡居民通过阳台植绿、庭院绿化等方式履行植树义务，让“全年尽责、多样尽责、方便尽责”成为常态。

3. 高标准建设义务植树基地。在交通便利、相对集中连片的区域，利用现有各类森林公园、湿地公园、国有林场、公园绿地等，每个县（市、区）建设1个以上全民义务植树基地，基地需具备开展造林绿化、抚育管护、自然保护、认种认养、设施修建、捐资捐物、志愿服务、其他形式等8大类尽责形式中不低于2类形式的条件。义务植树基地建设与开展休闲旅

游、科普活动相结合，实现全民植绿护绿享绿。

（二）开展绿美广东家园共建活动

4. 开展绿美广东“发挥人大代表作用”活动。各级人大要把“推进绿美广东生态建设”作为人大代表履职活动的一项重要内容，并为代表履职提供支持和保障。各级人大代表充分发挥桥梁纽带作用，带头爱绿植绿护绿，听民意、聚民智、惠民生，多出“金点子”，多提好建议，做绿美广东的传播者、践行者、护航者。

5. 开展关注森林主题活动。推动有条件的市、县成立关注森林活动组织机构，构建起省、市、县三级联动的工作格局。充分发挥关注森林活动组委会作用，开展公益性主题宣传和调研议政活动，持续开展森林文化周、“花开岭南 · 绿美广东”等一系列关注森林活动。

6. 开展绿美广东“同心植树”活动。引领各民主党派、宗教、侨联、党外知识分子联谊会、留学人员联谊会等广大统一战线成员，建设“同心林”“侨心林”“团结林”，形成最广大的社会合力参与绿美广东生态建设。引导发动海外粤籍侨胞在当地开展以“忆乡愁”为主题的体现广东历史人文内涵的植树活动。

7. 开展“6 · 30”助力绿美广东活动。以“6 · 30”助力乡村振兴活动为平台，发动社会力量积极参与绿美广东生态建设，持续募集资金，建设义务植树基地、绿美广东生态建设示范点，认捐认养林木，精准提升森林质量，统筹农村人居环境整治与城乡绿化，打造绿美“亮点”，营造人人参与绿美广东生态建设的氛围。

8. 开展绿美广东“巾帼美丽庭院”活动。将 3 月设为“巾帼植树月”，围绕“同植幸福树、共建绿美家”，种植巾帼林、家庭林、亲子林；绿化美化庭院，打造“美丽庭院 + 和谐家风”“美丽庭院 + 文化传承”“美丽庭院 + 乡村治理”；开展“美丽庭院”评选活动，培养文明乡风、家风。

9. 开展绿美广东“青年减碳”活动。开发建设青年碳普惠小程序，开设个人碳账户，设立青少年减碳集中行动日，建立志愿减碳公益积分转换机制，出台志愿减碳礼遇激励举措，引导广大青少年践行绿色低碳生活方式。

10. 开展绿美广东“万企同种树”活动。发挥工商联的统筹作用，调动企业联盟、企业同乡会的协调作用，组织国有企业、民营企业、外资企业等建设冠名“企业林”。引导企业加强厂区绿化美化、提高厂区绿化覆盖率，打造“绿美企业”，营造爱绿植绿护绿的企业文化。

（三）开展“绿美广东生态建设”宣讲教育

11. 开设“绿美广东生态建设”党校课程。充分发挥党校干部教育培训主阵地作用，开设“绿美广东生态建设”专题课程，深入宣传贯彻习近平生态文明思想，弘扬生态文明理念，准确把握绿美广东生态建设内涵实质、目标任务，让党员领导干部身体力行作表率，积极主动参与绿美广东生态建设。

12. 开设“绿美广东生态建设”校园课程。抓住校园教育主阵地，开设“绿美广东”开学第一课，对大中小学生开展爱绿植绿护绿教育，丰富自然生态知识，增强生态文明建设意识、传播生态文明思想。开设森林防火科普教育课程，增强森林资源保护意识。开设生态文化教育课程，充分挖掘各门学科生态文明的内容，使课堂教学与生态文化有机地结合在一起，让学生在学习文化知识、参加劳动实践的过程中培育生态文明意识。

13. 开展美美与共的自然教育课程。依托自然保护区、森林公园、湿地公园、植物园、树木园等，建立一批自然教育基地、自然教育之家、自然教育径和自然博物馆等，开展自然教育活动。通过粤港澳自然教育联盟，深入打造粤港澳自然教育讲坛、粤港澳自然观察大赛、粤港澳自然教育季、粤港澳自然教育嘉年华等粤港澳自然教育品牌。

（四）开展丰富多彩的生态文化传播活动

14. 开展绿美广东生态建设主题宣传活动。开展绿美广东竞风华大型主题活动，以赛促建，全省域推进绿美广东生态建设。开展“世界森林日”“世界湿地日”“穿越北回归线风景带－广东省自然保护地探秘”“爱鸟周”“森林防灭火”等主题宣传活动。在广东林业网、学习强国等开设绿美广东主题宣传专栏。建设具有岭南绿韵的广东生态文化整体 LOGO、生态文化宣传标识，融入岭南文化元素和地方特色，打造具有特色的绿美广东生态文化符号。

15. 开展弘扬古树名木生态文化活动。加强古树名木保护监管，落实古树名木监管责任单位、管护责任主体。强化古树群保护，建设独具特色的古树名木（古树群）公园。深入挖掘古树名木与当地人文历史关系，讲好人的故事、树的故事、人与树的故事，展示古树名木的文化价值，留住绿美广东乡愁记忆。

16. 举办“人与自然和谐共生”高端论坛。每年省市联动举办一次“人与自然和谐共生”高端论坛，由省组织各地级以上市轮流承办。聚焦绿美广东生态建设，研讨打造人与自然和谐共生的广东样板、走出绿水青山就是金山银山的广东路径，传播生态文明理念。

17. 举办全民爱绿植绿护绿学术论坛。每年全省举办一次全民爱绿植绿护绿学术论坛，邀请省内外知名专家学者，围绕激发公众爱绿意识、引导公众植树绿化、倡导公众爱护生态开展学术研讨，推动大地植绿、心中播绿、全民享绿成为时代新风尚，弘扬生态文化。

（五）建立全民爱绿植绿护绿激励机制

18. 开展评优学优活动。在全省范围内评选绿美广东生态建设先进集体和先进个人，发挥榜样引领作用。鼓励市县开展绿美广东评优学优活动，形成你追我赶、全民爱绿植绿护绿的良好局面。

19. 颁发全民义务植树荣誉证书。对通过参加线下活动形式完成当年植树义务的公民，由活动组织者申请“全民义务植树电子证书”。对通过网络完成当年植树义务的公民，自动获取全民义务植树电子证书。支持公众自发参与阳台绿化、庭院绿化，并通过互联网平台上传图片，获取全民义务植树电子证书。

20. 大力推行生态安葬。各级政府积极组织开展生态安葬活动，加快推进树葬区和生态安葬纪念设施建设，进一步完善生态安葬奖补政策，提高奖补标准，大力推行树葬、花葬、草坪葬等不占地、少耗资源的绿色生态安葬方式，加强移风易俗，树立殡葬新风。

四、保障措施

（一）加强组织领导

突出党建引领，各级党委政府、各级组织要主动作为，落实好责任分工，各级绿化委员会要充分发挥协调指导作用，确保行动任务落地落实。各有关部门要各司其职、互相配合，细化落实举措，形成全省上下联动、协同推进全民爱绿植绿护绿的工作格局。

（二）加强宣传引导

聚焦绿美广东生态建设主题，统筹各种媒体、线上线下，多维度推进宣传报道，在主流媒体开设“绿美广东”宣传专栏，持续推出系列报道，制作一批高质量融媒体产品，强化主题宣传，营造绿美广东生态建设良好舆论氛围。

（三）建立多元投入机制

各级政府要积极拓宽资金筹措渠道，建立健全多元化资金投入机制，推动落实全民爱绿护绿植绿工作。积极引导金融资本和社会资本投入，带动企业协会、各类基金会等社会群体参与全民爱绿护绿植绿工作，形成“多个渠道引水，一个龙头放水”的多元化资金投入格局。

附录 3

林业相关重要国际组织

一、国际组织机构

（一）联合国环境规划署

联合国环境规划署（英文缩写 UNEP），是联合国系统内负责全球环境事务的牵头部门和权威机构，通过激发、提倡、教育和促进全球资源的合理利用，推动全球环境的可持续发展。联合国环境规划署有执行主席、理事会、秘书处。执行主席由联合国秘书长提议，联合国大会推选。理事会由 58 个成员组成，任期四年，按区域分配席位，每年举行一次会议。秘书处设在联合国系统内环境活动和协调中心。资金来自于成员国自愿认捐的环境基金。

1972 年联合国人类环境大会作出建立环境规划署决议，1973 年联合国环境规划署正式成立，中国是联合国环境规划署理事会成员。1976 年中国设立代表处，由驻肯尼亚大使兼任代表，开始基金捐款。1987 年联合国环境规划署在中国设“国际沙漠化治理研究培训中心”，总部在兰州。1990 年在杭州举行第四届世界湖泊环境管理及保护大会，1991 年在北京召开发展中国家与国际环境法研讨会，1996 年与国家环保局举办“全球环境展望”第二次会议。2003 年驻华代表处在北京揭牌。2017 年，习近平主席在首届“一带一路”国际合作高峰论坛倡议建立“一带一路”绿色发展联盟，联合国环境署参与筹建该联盟。2018 年，时任环境署执行主任索尔海姆先后 4 次来华访问，并出席国合会 2018 年年会“绿色‘一带一路’与 2030 年可持续发展议程”主题论坛。2019 年 4 月，第二届“一带一路”国际合作高峰论坛成立“一带一路”绿色发展国际联盟，联合国环境规划署以成员身份加入。2021 年 2 月 22 日，第五届联合国环境大会在肯尼亚首都内罗毕开幕，生态环境部部长黄润秋在领导者对话会议上发言。

（二）联合国粮食及农业组织

联合国粮食及农业组织，简称联合国粮农组织（英文缩写 FAO），是联合国最早的常设专门机构，旨在加强世界粮食安全，促进环境保护与可持续发展，推动农业技术合作。联合国粮农组织最高权力机构为大会，每两年召开一次。常设机构是理事会，由大会推选产生理事会独立主席和理事国，下设计划、财政、章法、农业、渔业、林业、商品问题和世界粮食安全 8 个委员会。执行机构是秘书处，行政首脑为总干事，下设总干事办公室和 7 个经济技术事务部。大会休会期间，由 49 个成员国组成的理事会在大会赋予的权力范围内处理和决定有关问题。

联合国粮农组织 1945 年 10 月成立于加拿大魁北克城，1946 年 12 月 16 日成为联合国专门机构。中国是联合国粮农组织创始国之一。1978 年联合国粮农组织在印度尼西亚首都雅加达召开第八届世界林业大会，国家林业总局副局长汪滨率团出席会议。1983 年，在北京设立驻华代表处。2004 年，中国政府与联合国粮农组织在北京举办“粮农组织第 27 届亚太区域大会”。1999 年，联合国粮农组织修订《国际植物保护公约》。2005 年，中国加入《国际植物保护公约》。从 2010 年开始，联合国粮农组织实施“支持中国集体林权改革政策、法律和制度体系发展并促进知识交流”项目。2020 年联合国粮农组织发布《全球森林资源评估》表明，2015 年以来全球每年减少森林 1000 万 hm^2，中国保持森林增长态势。

（三）联合国教科文组织

联合国教育科学及文化组织，简称联合国教科文组织（英文缩写 UNESCO），是联合国专门机构，旨在促进教育、科学及文化方面的国际合作。近年来，致力于研究解决可持续发展、人类安全、生态环境、自然资源等人类共同面临的问题上，生态环境保护和自然资源管理是其优先计划。其主要机构是大会、执行局和秘书处。大会是最高权力机关，每两年开会一次，决定政策、计划和预算。执行局是大会闭幕期间的监督管理机构。秘书处负责日常工作，由执行局建议，经大会任命的总干事领导秘书处工作。

联合国教科文组织 1946 年 11 月 6 日成立于法国巴黎，目前有 194 个成员国。2017 年美国已退出。1966 年，联合国教科文组织开展人和生物圈计划，属于政府间科学计划，目的是为合理利用和保护生物圈的资源，保存遗传基因的多样性，改善人类同环境的关系，提供科学依据和理论基础，以寻找有效解决人口、资源、环境等问题的途径。中国是联合国教科文组织创始国之一。1978 年，加入人和生物圈计划。中国人和生物圈国家委员会设在中科院，负责确定人和生物圈计划在中国的优先领域，并组织实施和提供指导，以及为政府提供政策咨询。联合国教科文组织已将中国 26 处自然保护区列为人和生物圈保留地。

（四）世界气象组织

世界气象组织（英文缩写 WMO），是联合国有关天气和气候、业务水文和相关地球物理科学的专门机构，旨在促进国际合作，统一观测和统计资料，建立和维持情报快速交换系统，提供气象和与气象有关的服务，推进气象学应用于航空、航海、水利、农业、林业和人类其他活动。其最高权力机构是世界气象大会，每 4 年召开一次，设有执行理事会、区域协会、技术委员会和秘书处。

世界气象组织前身是 1873 年成立的国际气象组织，总部设在瑞士日内瓦。目前有 189 个会员国。1947 年，国际气象组织在华盛顿召开大会，通过的《世界气象组织公约》决定成立世界气象组织。1950 年，国际气象组织更名为世界气象组织。1951 年世界气象组织成为联合国专门机构。中国 1972 年加入世界气象组织，1973 年成为执行理事会成员。1988 年，世界气象组织和联合国环境规划署组建“政府间气候变化专门委员会”。1992 年 197 个国家签署《联合国气候变化框架公约》（即“气候公约”），确立

“共同但有区别的责任”原则。2007 年《中国应对气候变化国家方案》确定林业是减缓和适应气候变化重点领域，2013 年中国《国家适应气候变化战略》提出生态系统适应战略，2014 年中国《国家应对气候变化规划（2014—2020 年）》提出增加森林、草原、湿地生态系统碳汇，2015 年中国《生态文明体制改革总体方案》明确建立增加森林、草原、湿地碳汇有效机制，同年提交《强化应对气候变化行动——中国国家自主贡献》承诺，到 2030 年 CO_2 排放达到峰值并争取尽早达峰，森林蓄积量比 2005 年增加 45 亿 m^3 左右。

（五）世界自然保护联盟

世界自然保护联盟（英文缩写 IUCN），是世界自然遗产评估机构，联合国大会永久观察员，旨在影响、鼓励和帮助全世界的科学家和社团保护自然资源的完整性和多样性，包括拯救濒危的植物和动物物种，建立国家公园和自然保护地，评估物种和生态系统保护现状，为森林、湿地、海岸及海洋资源的保护与管理制定出各种策略及方案。主要机构是世界自然保护大会、理事会、专家委员会、秘书处、联盟会员机构。世界自然保护大会是全球环境和自然保护会议，是联盟最高决策机构，每 4 年召开一次。理事会由选举出的联盟主席、司库、地区理事、6 个专家委员会主席等组成。6 个专家委员会由技术专家、科学家、政策专家组成工作网，专家委员会主席由大会选出。秘书处为联盟全体成员服务，并负责贯彻落实联盟的各项政策和项目。

世界自然保护联盟 1948 年成立于法国，总部在瑞士格朗，是全球性非营利环保机构。通过信息共享、国际交流、能力建设、地方示范项目等方式支持会员及合作伙伴开展工作。1996 年中国加入世界自然保护联盟，2003 年成立中国联络处，2012 年设立世界自然保护联盟中国代表处。在重要国际环境问题与国际社会开展合作中为中国提供政策技术支持，开展了“大都市水源地可持续保护计划”“中国保护地计划”“生态系统生产总值核算”“未来红树林中国项目”等项目。2021 年 10 月，世界自然保护联盟物种生存委员会中国专家委员会正式成立。目前，世界自然保护联盟有 200 多个国家和政府机构会员、1000 多个非政府机构会员。

（六）国际林业研究组织联盟

国际林业研究组织联盟，简称“国际林联”（英文缩写 IUFRO），是林业科学研究机构作为会员的国际性研究组织，主要工作是研究、交流和传播科学知识，提供相关信息获取渠道以及协助科学家和机构提升科研能力，加强与森林和树木相关的科学研究的协调和国际合作，以确保森林的健康和人类的福祉。组织机构是理事会、执行委员会、总部（秘书处），下设森林培育学、生理学和遗传学、森林经营工程与管理、森林评估建模与管理、林产品、森林和林业社会问题、森林健康、森林环境、林业经济与政策 9 个学部。

国际林联前身是 1892 年成立的“国际森林实验站联盟”，后更名为“国际林业研究组织联盟”，总部在奥地利维也纳。1970 年代国际林联迅速成长，联合 110 多个国家 700 个成员单位 1.5 万多名科学家开展研究合作。IUFRO 通过研究、交流和传播科学知识等活动，制定相关政策，提升经济、环境和社会效益，改善人类与森林的关系。2022 年 7 月 7 日，第二十届国际林联林木生物技术大会暨第二届林木分子遗传学国际研讨会在黑龙江哈尔滨线上召开，为改善生态环境、维护生态安全、应对气候变化提供“中国经验”。

（七）世界自然基金会

世界自然基金会（英文缩写 WWF），致力于保护世界生物多样性，确保可再生自然资源的可持续利用，推动降低污染和减少浪费性消费，遏止自然环境恶化，创造人类与自然和谐相处的美好未来。世界自然基金会是 27 个国家级会员、21 个项目办公室及 5 个附属会员组织组成的全球性网络组织，资金主要来源于个人捐款。

世界自然基金会 1961 年成立于瑞士，是非政府环境保护组织。1979 年，成立世界自然基金会中国 6 人委员会，负责协调中国环境保护组织和机构与世界自然基金会全球环境保护工作的联系。1980 年，中国大熊猫及其栖息地保护项目开启世界自然基金会在中国工作。1980 年代中国林业部与世界自然基金会组织联合组织大熊猫以及其栖息地调查，1992 年实施大熊猫及其栖息地管理计划，1996 年世界自然基金会中国环境教育项目办公室成立，开展野生动植物贸易相关研究与保护工作，同时成立中国森林项目。2001 年，以“把知识带回家乡”为主题，在中国开展湿地使者行动。2002 年，世界自然基金会与陕西省林业厅签署协议，新建 13 个自然保护区及 5 条生态走廊，在破碎的秦岭熊猫种群之间重新建立联系。2005 年，世界自然基金会中国森林和贸易网络成立，中国国际重要湿地总数达到 30 个。在中国资助项目达 100 多个，从大熊猫保护扩展到物种保护、淡水和海洋生态系统保护与可持续利用、森林保护与可持续经营、气候变化与能源、野生动植物贸易等多领域。

（八）全球环境基金

全球环境基金（英文缩写 GEF），是全球环境和气候领域最具影响力的专业机构，是《生物多样性公约》《联合国气候变化框架公约》《关于持久性有机污染物的斯德哥尔摩公约》《联合国防治荒漠化公约》《关于汞的水俣公约》五个国际公约的资金机制。负责向发展中国家提供资金和技术支持，帮助其履行国际环境公约。全球环境基金的管理机构是全球环境基金成员国大会，每 3~4 年举行一次，审议全球环境基金总体政策、评估基金运作情况、审定基金成员资格。理事会是管理全球环境基金的理事委员会，负责制定、通过和评估基金资助活动的政策和规划。下设秘书处、独立评估办公室、联络人、科学与技术顾问委员会等机构，独立评估办公室的核心作用是对全球环境基金内部的独立评估功能进行质量监督。科学与技术顾问委员会为全球环境基金制定战略和规划提供战略性科学技术咨询。联络人为国家与全球环境基金秘书处和执行机构之间的联系人。全球环境基金执行和实施机构有亚洲开发银行、非洲开发银行、欧洲复兴开发银行、泛美开发银行、世界银行等。

全球环境基金 1991 年成立，由联合国开发计划署项目管理办公室执行实施。中国是全球环境基金的核心成员之一，既是出资方，也是资金目的国。2015 年 9 月，《中美元首气候变化联合声明》宣布，中国将拿出 200 亿元人民币建立中国气候变化南南合作基金。同年 12 月，习近平主席在巴黎气候大会开幕式宣布，中国于 2016 年启动“十百千”项目，在发展中国家开展 10 个低碳示范区、100 个减缓和适应气候变化项目及 1000 个应对气候变化培训名额的合作项目。全球环境基金关注中国生态文明建设、绿色金融相关问题，以及“一带一路”战略设想，与中国政府建立了互信互益长效机制。

（九）国际爱护动物基金会

国际爱护动物基金会（英文缩写 IFAW），是全球动物福利组织之一，旨在减少对动物的商业剥削和贸易、保护野生动物的栖息地以及救助危难中的动物，提高野生动物和伴侣动物的福利。

国际爱护动物基金会 1969 年创立，总部在美国马萨诸塞州。1994 年国际爱护动物基金会进入中国，致力于推动爱护动物理念的传播，参与亚洲黑熊、藏羚羊、亚洲象、麋鹿、黑颈鹤、斑海豹拯救工作。与国家林业局合作，在藏羚羊、亚洲象等濒危物种保护、公众教育、栖息地保护能力建设方面开展工作。2001 年在上海召开“中国鲸豚保护研讨会”，开展斑海豹紧急救助、中华鲟放归方面工作。2002 年与中国濒危物种进出口管理办公室签署合作备忘录，推动野生动物保护与国际接轨。

附录 4

林业相关重要国际公约

（一）有关环境保护的国际公约

包括《人类环境宣言》《世界环境行动计划》《里约环境与发展宣言》《21世纪议程》和《世界环境公约》5个重要公约。1972年6月16日在斯德哥尔摩联合国第一次人类环境国际会议通过《人类环境宣言》，阐明与会国和国际组织所取得的7个共同观点和26项共同原则，以鼓舞和指导世界各国人民保护和改善人类环境。同时，通过《世界环境行动计划》，这是人类环境保护史上的第一座里程碑。同年，第27届联合国大会确定每年6月5日“世界环境日”。1992年6月，在巴西里约热内卢联合国环境与发展会议期间开放签署《里约环境与发展宣言》，重申1972年6月16日联合国人类环境国际会议宣言，并通过《21世纪议程》，成为各国政府、联合国组织、发展机构、非政府组织和独立团体在人类活动对环境产生影响的各个方面的综合的行动蓝图。中国政府向作出履行《21世纪议程》承诺，《中国21世纪人口、环境与发展白皮书》（简称“中国21世纪议程”），共20章78个方案领域，分为可持续发展总体战略与政策、社会可持续发展、经济可持续发展和资源的合理利用与环境保护。2017年9月19日，中国外交部部长王毅出席在纽约联合国总部举办的《世界环境公约》主题峰会。2018年5月11日，联合国大会投通过决议，为《世界环境公约》建立框架，确立环境保护的基本原则。一旦《世界环境公约》成为正式国际公约，将对缔约国产生法律效力。

（二）有关气候保护的国际公约

包括《保护臭氧层维也纳公约》《关于消耗臭氧层物质的蒙特利尔议定

书》《联合国气候变化框架公约》《京都议定书》《巴黎协定》等5个重要文件。尤其是《联合国气候变化框架公约》《京都议定书》《巴黎协定》影响深远。1992年11月全国人大批准加入《联合国气候变化框架公约》，1993年1月批准书交存联合国秘书长处，1994年3月对中国生效。1997年12月在日本京都由《联合国气候变化框架公约》参加国三次会议制定《京都议定书》，其全称为《联合国气候变化框架公约的京都议定书》，是《联合国气候变化框架公约》补充条款，目标是“将大气中的温室气体含量稳定在一个适当的水平，进而防止剧烈的气候改变对人类造成伤害”。2009年12月7~18日，《联合国气候变化框架公约》第15次缔约方会议暨《京都议定书》第5次缔约方会议在丹麦首都哥本哈根召开，192个国家的谈判代表商讨《京都议定书》一期承诺到期后的后续方案，即2012年至2020年的全球减排协议。

（三）生物多样性公约

《生物多样性公约》（*Convention on Biological Diversity*）是一项保护地球生物资源的国际性公约，于1992年6月1日由联合国环境规划署发起的政府间谈判委员会第七次会议在内罗毕通过，1992年6月5日，由签约国在巴西里约热内卢举行的联合国环境与发展大会上签署。公约于1993年12月29日正式生效。常设秘书处设在加拿大的蒙特利尔。联合国《生物多样性公约》缔约国大会是全球履行该公约的最高决策机构，一切有关履行《生物多样性公约》的重大决定都要经过缔约国大会的通过。公约的主要目标是保护生物多样性；生物多样性组成成分的可持续利用；以公平合理的方式共享遗传资源的商业利益和其他形式的利用。

（四）国际湿地公约

《国际湿地公约》全称为《关于特别是作为水禽栖息地的国际重要湿地公约》。1971年2月2日订于拉姆萨尔，经1982年3月12日议定书修正。

各缔约国承认人类同其环境的相互依存关系；考虑到湿地的调节水分循环和维持湿地特有的动植物。特别是水禽栖息地的基本生态功能；相信湿地为具有巨大经济、文化、科学及娱乐价值的资源，其损失将不可弥补；期望现在及将来阻止湿地的被逐步侵蚀及丧失；承认季节性迁徙中的水禽可能超越国界，因此应被视为国际性资源；确信远见卓识的国内政策与协调一致国际行动相结合能够确保对湿地及其动植物的保护。

（五）防治荒漠化公约

《联合国防治荒漠化公约》是联合国制定的防治荒漠化公约，全称为《联合国关于在发生严重干旱和/或沙漠化的国家特别是在非洲防治沙漠化的公约》，该公约于1994年6月17日在法国巴黎通过，1996年12月26日正式生效；截至2005年4月26日，该公约共有191个缔约方。《联合国防治荒漠化公约》是联合国环境与发展大会框架下的三大环境公约之一。公约的核心目标是由各国政府共同制定国家级、次区域级和区域级行动方案，并与捐助方、地方社区和非政府组织合作，以对抗应对荒漠化的挑战。履约资金匮乏、资金运作机制不畅，一直是困扰公约发展的难题。2019年2月美国国家航天局研究结果表明，全球从2000年到2017年新增的绿化面积中，约1/4来自中国，中国贡献比例居全球首位。

2019年2月26日，《联合国防治荒漠化公约》第十三次缔约方大会第二次主席团会议在贵阳举行。2019年9月2日，《联合国防治荒漠化公约》第十四次缔约方大会在印度首都新德里拉开帷幕。

（六）保护世界文化和自然遗产公约

1972年11月16日，联合国教科文组织大会第17届会议在巴黎通过了《保护世界文化和自然遗产公约》（*Convention Concerning the Protection of the World Cultural and Natural Heritage*）。公约主要规定了文化遗产和自然遗产的定义，文化和自然遗产的国家保护和国际保护措施等条款。公约规定了各缔约国可自行确定本国领土内的文化和自然遗产，并向世界遗产委员会递交其遗产清单，由世界遗产大会审核和批准。凡是被列入世界文化和自然遗产的地点，都由其所在国家依法严格予以保护。

附录 5

国际碳达峰碳中和进程

1992 年在巴西里约热内卢达成《联合国气候变化框架公约》以来，国际社会围绕细化和执行该公约开展了持续谈判，大概可以分为四个阶段。1995—2005 年，是《京都议定书》谈判、签署、生效阶段。2007—2010 年，谈判确立了 2013—2020 年国际气候制度。2011—2015 年，谈判达成《巴黎协定》，基本确立 2020 年后国际气候制度。2016 年至今，主要就细化和落实《巴黎协定》的具体规则开展谈判。

世界部分国家和地区碳达峰时间和峰值（截至 2019 年年底）

达峰时间（年）	国家 / 地区	峰值（万 t）
1969	安提瓜和巴布达	126
1970	瑞典	9229
1971	英国 *	66039
1973	瑞士	4620
1979	法国 *	53028
1979	德国 *	111788
2005	意大利 *	50001
2005	美国 *	613055
2007	加拿大 *	59422
2007	中国台湾	27373
2008	新西兰	3759
2009	新加坡	9010
2013	日本 *	131507
2014	中国香港	4549

注：加 * 为八国集团，除俄罗斯外，其余 7 国均已实现碳达峰。

世界部分国家（包括欧盟）碳中和目标时间

国家 / 缔约方	承诺性质	承诺时间（年）
苏里南		已实现
不丹		已实现
法国	完成立法	2050
新西兰		2050
瑞典		2045
英国		2050
加拿大	法律提案	2050
欧盟	法律提案	2050
西班牙		2050
韩国		2050
日本	政策文件	2050
德国		2050
美国		2050（拜登竞选承诺）
中国		2060